你沒聽過的
邏輯課

探索魔術、博奕、運動賽事
背後的法則————

劉炯朗 著

作者序
寶藏無限大，一切「從零講起」

從2005年秋天起，我在新竹IC之音廣播電臺（FM97.5）主持一個獨白式談話節目「我愛談天你愛笑」，內容由時報出版公司整理出書，本書是這個系列的第九本。

常有人問我節目內容是怎樣選擇的，那的的確確是我天馬行空、隨心所欲地找一些自己有興趣的題目，盡量學習、探索和思考，並且以達到「敢站在學生面前大聲講」的理解程度作為目標。坦白說，我花相當多的時間來準備這個節目，因為其中很多是我從來沒涉獵過的東西。

對於我的第九本書，可能有人會說：「這本書講了很多數學，看起來似乎比較難懂。」我的「遁詞」和我其他的書一樣：我講的都是有趣的故事，天文、物理、經濟、法律、詩詞、流行歌曲，一律兼收並蓄、細大不捐。

其實，數學有許多觀念都是相當直覺的，尤其在廣播節目裡，沒有黑板、沒有投影片，所以我也以「光聽就能懂」為原則，書中的方程式和圖片都是後來加上去的，為了讓讀者可以

更清楚地理解書中論述所及的內容。

　　無論節目或書的內容，都沒有特定對象，不過我都嘗試從「零」講起，不預設任何門檻或背景。相信這些內容，從剛剛參加國中會考的「毛頭小子」到「老嫗老翁」都能夠解讀。

　　我曾經用一個譬喻來闡述教育的三個「面向」（容我強調是「面向」，不是「層次」）。有一個寶藏，裡面有許多美麗、珍貴的珠寶，老師牽著學生的手一步步向寶藏走去，這就是「灌輸」（instruction）；老師也可以給學生一張地圖，讓他按著地圖往寶藏走去，這就是「引導」（introduction）；又或者老師也可為學生描述這些珠寶如何美麗、珍貴，讓學生自己去找方向，以自助旅行的方式，走到寶藏的所在，這就是「激發」（inspiration）。我衷心希望這本書能「激發」出讀者對數學裡、數學外一些事和物的興趣。

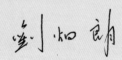

CONTENTS

作者序　寶藏無限大，一切「從零講起」　　　002

Part I　日常生活中隱藏的邏輯

從已知推算未知的「茶壺原理」　　　010
從數學家的思維出發　　　011
輕鬆倒推薪水、存款或預算　　　013
從綿延不絕的兔寶寶到費氏數列　　　016
按高矮排列　　　018
誰是海盜船上的幸運兒？　　　019
文學中的茶壺原理──頂真格　　　021

最公平的分配法　　　023
從切蛋糕到世界和平　　　023
公平百百種，你選哪一種？　　　025
滿足的公平　　　028
沒有妒忌的公平　　　030
各得其所的公平　　　033
Sperner 定理　　　035
蛋糕切三段，首選各不同？　　　037

預測群蟬亂舞的年分　　　041
羽化登仙，遺世獨立　　　042
冰河時期氣溫大巨變　　　044
被打亂的生命週期　　　046
在特定年分對撞的「質數蟬」　　　049

「尋找千里馬」的法則　　　050
慧眼識「書豪」　　　051
從黃金比例找俊男美女　　　055

誰是美國職棒聯盟的潛力股？　　　061
尋找明日之星──打擊手篇　　　063

尋找明日之星——投手篇　　　　　　　　067
量化指標與MVP　　　　　　　　　　　069

《魔球》的啟示：打破慣性，締造傳奇　　　071

載浮載沉的球員比恩　　　　　　　　　071
總經理的新思維　　　　　　　　　　　074
來自電腦怪咖的分析　　　　　　　　　078
用統計數據締造20連勝　　　　　　　　081

科技時代的壓縮邏輯　　　　　　　　　085

Part II　魔術中的數學邏輯

魔術和數學　　　　　　　　　　　　094

條條道路通羅馬　　　　　　　　　　096

漢蒙洗牌法　　　　　　　　　　　　103

三娘教子　　　　　　　　　　　　　103
陰陽調和　　　　　　　　　　　　　109
逢黑必反　　　　　　　　　　　　　111
一言驚醒夢中人　　　　　　　　　　112

排列的祕密　　　　　　　　　　　　114

皇家同花順　　　　　　　　　　　　114
五中取一　　　　　　　　　　　　　115
五子登科　　　　　　　　　　　　　118
五子登科的延伸　　　　　　　　　　122
文學上相似的形式　　　　　　　　　125

吉爾布雷斯的梅花間竹式洗牌法　　　126

吉爾布雷斯原則　　　　　　　　　　127
誠實和謊言　　　　　　　　　　　　130
五神　　　　　　　　　　　　　　　132

第 47 頁   135

蒙日洗牌   137
同性相吸   137
Ace 在哪裡   138
慶祝婦女節   140

股票紅利   141

Part III 識破博奕背後的數學邏輯

機率是什麼？   146
用過去的經驗估算未來   146

從賠率算出的必勝賭盤   150
穩賺不賠的運動博彩下注法   151
賭客的必勝方程式   152
馬場為何能穩贏不賠？   154

獨立事件的機率   156
如何預測同事的服裝搭配？   156
算算飛機上有炸彈的機率   157
為什麼賭客愛玩擲骰子遊戲？   159
預測黑白撲克牌的另一面   162
老二是男孩的機率有多大？   164
何先生的三門猜獎習題   165
先釐清問題，再善用已知   167

受事件先後影響的機率   168
互有影響的褲子襯衫搭配機率   168
用貝氏定律算林書豪被交易的機率   169
罹患乳癌的機率怎麼算？   171
看醫生划不划算？   176
電子郵件過濾器   178

看穿賭博的勝敗邏輯   183
為什麼賭客一定會破產？   183

賭客的加碼策略　　　　　　　　　　187
靠算牌打敗賭場　　　　　　　　　　188
如何獨得樂透彩？　　　　　　　　　190
預測輪盤的贏錢數　　　　　　　　　192

Part IV　練好數學邏輯基本功

正整數與自然數　　　　　　　　　　200

負整數　　　　　　　　　　　　　　203

整數　　　　　　　　　　　　　　　205

有理數與無理數　　　　　　　　　　206

代數數與超越數　　　　　　　　　　209

實數和虛數　　　　　　　　　　　　212

複數　　　　　　　　　　　　　　　215

規矩數　　　　　　　　　　　　　　218

無窮大　　　　　　　　　　　　　　221

郵票面額的配對　　　　　　　　　　226
一個有趣的例子　　　　　　　　　　231
一個古老的例子　　　　　　　　　　233

畢氏定理　　　　　　　　　　　　　237
幾何的觀點　　　　　　　　　　　　241
再談無理數　　　　　　　　　　　　243

費瑪最後的定理　　　　　　　　　　246
法國數學家傑曼　　　　　　　　　　249
谷山豐、志村五郎的猜想　　　　　　253
懷爾斯的貢獻　　　　　　　　　　　257

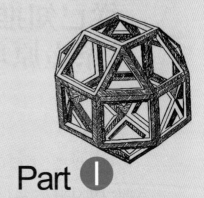

Part **1**

日常生活中隱藏的邏輯

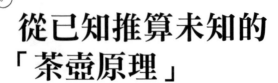

從已知推算未知的
「茶壺原理」

在數學裡，有個有用且常用的解題法「茶壺原理」（Tea Kettle Principle），這和清末民初國學大師辜鴻銘先生的「茶壺理論」無任何關聯。話說有一位工程師和一位數學家，同時被要求解答下列問題：

問題A：在廚房地板上，有一個空的茶壺，請提供一個方法，煮一壺開水來泡茶。

工程師回答：把茶壺提起來，打開水龍頭裝滿水，將茶壺放在爐子上，點燃爐火，靜待水被燒開；數學家說：我的方法也一樣。

接著，他們被要求解答下列問題：

問題B：爐子上放著一個茶壺，裡面裝滿水，請提供一個方法，煮一壺開水來泡茶。

　　工程師回答說：點燃爐火，靜待水被燒開；數學家說：把茶壺從爐子上提起來，把茶壺裡的水倒光，再把空的茶壺放在廚房地板上，於是，問題 B 就化成已經知道怎樣解答的問題 A 了。

　　這雖然是一個笑話，但是把待解答的問題化成已經解答的問題，卻是在數學、科學裡，甚至在生活裡，有用而且常用的方法，這就是「茶壺原理」。

從數學家的思維出發

　　讓我再多說一點，和上述笑話類似的例子還有很多。比方，林先生有一位從香港來的朋友，打電話問他如何從臺北火車站到 101 大樓？林先生詳細地一步一步為他說明如何坐捷運、轉公車、再走路，果然一切順利。第二天，香港朋友又打電話問他如何從東區誠品到 101 大樓，林先生說您就坐計程車從東區誠品到臺北火車站，在臺北火車站再按照我昨天告訴您那條路線走就對了。這就是把一道待解答的問題，化成一道已經知道如何解答的問題，關於箇中奧妙，我就不用再多費唇舌了，這就是「茶壺原理」。

　　有人問老先生：「您今年貴庚？」老先生說：「我 40 歲時，我的小兒子出生。」那人繼續問：「那麼您小兒子今年幾

歲？」老先生答：「他比鄰居的張博士小5歲。」「那麼張博士今年幾歲了？」老先生答：「張先生屬狗，剛從美國拿了博士學位回來。」假設今年是2012年，屬狗的是78、66、54、42、30、18或者6歲，所以，張博士應該是30歲，老先生的小兒子是25歲，老先生是25＋40＝65歲。

在這個問題當中，我們先把老先生是幾歲的問題，化成他小兒子是幾歲的問題，再把他小兒子是幾歲的問題，化成張博士是幾歲的問題。當我們找出張博士是幾歲，就可以解答小兒子是幾歲，然後就可解答老先生是幾歲了。

上述例子指出應用「茶壺原理」的兩個要點：第一、我們先把一道待解答的問題，化成另一道待解答的問題；第二、最終我們要把一道待解答的問題，化成另一道已經知道如何解答的問題。這兩個要點也可以用兩句成語來描述：第一、前事不忘，後事之師；第二、飲水思源，可不是貼切得當嗎？

讓我再講一個故事。有位美國數學家想在中文期刊發表一篇他用英文寫的論文，因此，請好友高教授幫忙將論文翻成中文。高教授把論文翻譯完成後，這位美國數學家覺得應該在論文裡加一個註腳說：「作者要感謝高教授的幫忙，把這篇論文翻譯成中文。」但是，他又不懂得怎樣用中文寫這個註腳，只

好先用英文把註腳寫好，再請高教授翻成中文。高教授把註腳翻成中文後，這位非常嚴謹的數學家覺得應該再加一個註腳，感謝高教授幫忙將註腳翻成中文，但他還是只能用英文把這個註腳寫下來，拿去請高教授翻成中文。這麼一來，問題來了，他必須再度感謝高教授幫忙翻譯這個註腳嗎？這豈不是沒完沒了嗎？

對一個通透「茶壺原理」的數學家來說，小事一椿，他會先請高教授翻譯：「作者要感謝高教授的幫忙，把這篇論文翻譯成中文」這句話。再請高教授翻譯：「作者要感謝高教授的幫忙，把前面的註腳翻成中文」這句話。最後，自己把這句話的中文翻譯抄一次：「作者要感謝高教授的幫忙，把前面的註腳翻成中文」，就可以把他要表達的感謝之意全部說清楚了。

輕鬆倒推薪水、存款或預算

故事講完了，讓我講一點數學，有一連串數字，a_1、a_2、a_3、a_4……a_{n-1}、a_n……，假設每一個數字都等於它前面那個數字加3，也就是$a_n = a_{n-1} + 3$。換句話說，如果我們要決定第n個數字是多少，我們只要知道第$n-1$個數字是多少，就可以把第n個數字算出來了。這可不正是「茶壺原理」的應用嗎？那麼接下去，第$n-1$個數字是多少呢？我們只要知道第$n-2$個

數字是多少就可以了，這又是「茶壺原理」的應用。一路倒推下去，第二個數字是多少呢？是第一個數字加3，因此，只要知道第一個數字 a_1，如果 $a_1 = 19$，那麼就可以知道 $a_2 = 19 + 3$，以此類推 a_3、a_4……a_{n-1}，最後可得出：$a_n = a_{n-1} + 3$。

舉例來說，一個員工的薪水，每個月加500元，您想知道他九月的薪水嗎？只要看八月的薪水單加500元就行，如果您要知道八月的薪水，那只要看七月的薪水單加500元就行，這樣倒推下去，只要有某一個月的薪水單，一切問題就都解決了。這就是「等差級數」，或者叫做「算術級數」，就是在以前我們學過的一連串數字 a_1、a_2、a_3、a_4……a_{n-1}、a_n 後面加上 d，$a_2 = a_1 + d$，$a_3 = a_2 + d$……$a_n = a_{n-1} + d$。

那時，我們一步一步往前推，現在我們學會了「茶壺原理」，就可一步一步往後推，$a_n = a_{n-1} + d$，$a_{n-1} = a_{n-2} + d$……$a_2 = a_1 + d$，往前推、往後推都是同一回事，如果您懶得往前推、往後推，簡化成一個公式就是 $a_n = a_1 + (n-1)d$。

讓我趁這個機會也提一下大家也都學過的：有一連串數字 a_1、a_2……a_{n-1}、a_n，另外 r 是一個常數，$a_n = r \times a_{n-1}$，$a_{n-1} = r \times a_{n-2}$……$a_2 = r \times a_1$。要算出 a_n，可以一步一步往後推到 a_1，這我們在國中也學過，叫做「等比級數」或者「幾何級數」，那時是一步一步往前推，$a_2 = r \times a_1$，$a_3 = r \times a_2$……$a_n = r \times a_{n-1}$，

往後推、往前推都是同樣一回事，簡化成一個公式就是：

$$a_n = r^{n-1} \times a_1$$

大家還記得如何用複利計算銀行的存款嗎？

如果利率是每月3%，那麼第12個月的存款總數是1.03乘第11個月的存款總數，也就是 $a_{12} = 1.03 \times a_{11}$，接下來，$a_{11} = 1.03 \times a_{10}$，$a_{10} = 1.03 \times a_9$

這正是依照「茶壺原理」來算。當然直接來算也可以：

$$a_{12} = (1.03)^{11} \times a_1$$

有一個公家機關編預算，每年的預算是去年預算的65%加上前年預算的45%，所以，我們可以用 $a_n = 0.65 \times a_{n-1} + 0.45 \times a_{n-2}$ 這麼一個公式來表達。換句話說，如果我們要知道今年的預算是多少，只要知道去年的預算和前年的預算，就可以算出今年的預算。那麼去年的預算是多少呢？只要知道前年和大前年的預算就可以算出來。這正是「茶壺原理」的推廣，把一道要解答的問題，化成兩道已經知道如何解答的問題，這樣倒推回去，我們只要知道最開始第一年和第二年的預算，接下來每年的預算就可以一一算出來了。

從綿延不絕的兔寶寶到費氏數列

讓我再舉一個例子，講一道數學上古老有名的題目：一對剛出生的兔子，一個月後就發育成熟，發育成熟的兔子，每個月會生一對兔子，源源不絕。請問 n 個月後有多少對兔子？

讓我們從頭開始算起：

第1個月，有一對兔子剛出生；

第2個月，這對兔子發育成熟了；

第3個月，上個月發育成熟的兔子，生下一對兔子，因此一共有2對兔子；

第4個月，上個月發育成熟的兔子，生下一對兔子，上個月出生那對兔子發育成熟了，因此總共有3對兔子；

第5個月，上個月有2對成熟的兔子，各生下一對兔子，加上上個月出生的兔子，因此一共有5對兔子；

那麼，第6、第7、第8個月呢？

就讓我們直接算算第 n 個月有多少對兔子吧。

第 $n-1$ 個月的兔子裡，有的剛出生，有的則是發育成熟的，因此，第 n 個月的兔子總數等於第 $n-1$ 個月的兔子數目，加上在第 $n-1$ 個月已經發育成熟兔子的數目，那麼在第 $n-1$ 個月裡，已經發育成熟兔子的數目是多少呢？那不正是第 $n-2$

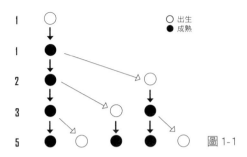

圖 1-1

個月裡，所有兔子的總數嗎？因此，我們有一個方程式：

$$a_n = a_{n-1} + a_{n-2}$$

第 n 個月兔子的總數，等於第 $n-1$ 個月兔子的總數再加上第 $n-2$ 個月兔子的總數，這可不正是「茶壺原理」的應用嗎？圖 1-1 呈現了從第一個月有一對剛出生的兔子開始，生生不息繁衍的情形。

這樣一來，我們就知道，既可以一步一步向後推，也可以一步一步向前推，從第一個月有一對剛出生的兔子，第二個月有一對已經成熟的兔子開始，$1+1=2$，$1+2=3$，$2+3=5$，$3+5=8$，就可以一路算下去了。

1、1、2、3、5、8、13、21、34、……這一連串的數字叫做「費氏數列」（Fibonacci Sequence），它有很多很多有趣的數學性質，假如您不要一步一步向前推或者往後推，也有一個公

式可以用[1]：

$$a_n = \frac{1}{\sqrt{5}} \left(\frac{1 + \sqrt{5}}{2} \right)^n - \frac{1}{\sqrt{5}} \left(\frac{1 - \sqrt{5}}{2} \right)^n$$

按高矮排列

「茶壺原理」的基本精神就是用「已知」來解答「未知」，很多看似複雜、困難的問題，透過分解、重複等動作，就變得簡單和容易了。操場上有六十四個學生，要按照高矮排成一列。首先，我們只有一個關鍵動作：比較兩個人的身高，決定哪個高、哪個矮。我們可以這樣做：

先把32個人按照身高排成一列叫做A，再把另外32個人按照身高排成一列，叫做B。接下來，把A列裡最高的人和B列裡最高的人，叫出來比較一下，讓較高的那個人出列，因為他是64個人裡最高的；接著，重複上述步驟，在剩下的A列和B列裡，讓最高那個人出列，因為他是剩下來的人裡最高的了，這樣逐步比下去，最後就可以順利把64人按照高矮排成一列了。

但是，首先，如何把這三十二個人按照高矮分別排成A和B列呢？

---

1. 可參考 *"Elements of Discrete Mathematics,"* C. L. Liu, 1985, McGraw-Hill。

我們可以先把32個人分成兩組各16個人，再按照高矮分別把這兩組人排成兩列，然後，按照前面的方法，把這兩列合併成按照高矮排成一列32個人。但是，那又如何把16個人按照高矮排成一列呢？只要重複上述步驟，先把16個人分成兩組各8個人，分別按照高矮排列。

相信我說到這裡，大家就明白了，只要重複運用「茶壺原理」，最後的關鍵動作就是兩個人按高矮排列，這就真的是易如反掌了！

誰是海盜船上的幸運兒？

如果有十個人被海盜擄上賊船，海盜的頭子說，十個人裡，只有一個人能夠存活，那麼誰可以存活呢？海盜的頭子命令他們排成一個圓圈，1、2、3、4、5、6、7、8、9、10，從1開始，繞著圓圈數，每隔一個人把這個人丟到海裡去，最後剩下來的一個人，就是唯一存活的人。讓我們數數看，從1開始，2被丟到海裡，接下來4、6、8、10都一一被丟到海裡去了，接下來，然後是3，然後是7，然後是1，然後是9，最後存活下來的是5。這樣算起來太複雜了些，我們可以用「茶壺原理」來解這道題：我們從十個人開始，第一輪走了一圈，剩下五個人，那就是原來1、3、5、7、9這五個人；假如我們知道

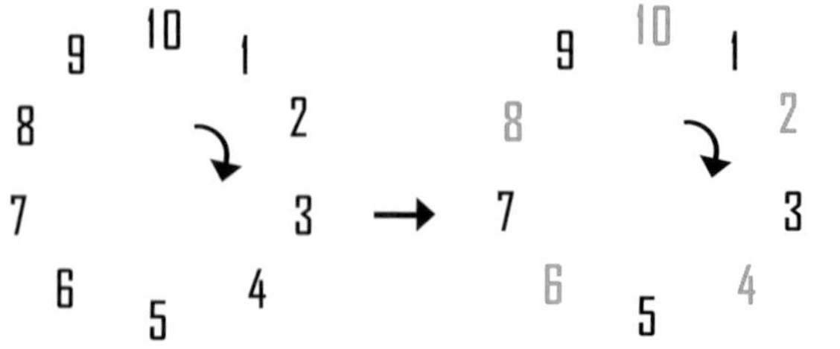

圖 1-2

如果從五個人開始，最後剩下來的是第三個人，那麼在1、3、5、7、9裡剩下來的就是5。

讓我們再推廣來看：

假如一共有80個人，第一輪走了一圈剩下40個人，那麼在這40個人裡，存活的是誰呢？再走一圈剩下20個人，那麼在這20個人裡，存活的是誰呢？再走一輪剩下10個人，我們從上面知道存活的是第五個人，但是這10個人是原來的1、9、17、25、33、41、49、57、65、73號，在這10個人當中，第5個人是原來80人裡的第33個人，他就是唯一存活的人。

這個觀念明白了，數學的細節我就不一一多說了。下列的公式可以算出最後的存活者，用J(n)代表一開始有n個人時最後存活者的序號[2]。

$$J(1) = 1$$

$$J(2n) = 2\,J(n) - 1$$

---

2. 如果開始時有$2n$個人，從在位置1那個人開始，走一輪，剩下n個人，再從原來在位置1那個人開始。如果開始時有$2n + 1$個人，從在位置1那個人開始，走一輪，剩下n個人，再從原來位置3那個人開始。請參考 "*Concrete Mathematics*," R. L. Graham, D. E. Knuth, O. Patashnic, 1994, Addison-Wesley。

$$J(2n + 1) = 2 J(n) + 1$$

而且，從這些公式我們可以導出來：

$$J(2^k + t) = 2t + 1$$

例如：

$$J(10) = J(2^3 + 2) = 2 \times 2 + 1 = 5$$

$$J(14) = J(2^3 + 6) = 2 \times 6 + 1 = 13$$

$$J(80) = J(2^6 + 16) = 2 \times 16 + 1 = 33$$

文學中的茶壺原理——頂真格

談到這裡，相信大家對數學裡的「茶壺原理」有相當的瞭解和領悟。可是，文學家也不讓數學家專美於前；文學修辭中，兩個句子裡，上一句結尾的幾個字，用來作為下一句開始的幾個字，叫做「頂真格」（也叫做「流水句」）。例如〈木蘭詩〉裡：

軍書十二卷，卷卷有爺名。

歸來見天子，天子坐明堂。

出門看夥伴，夥伴皆驚惶。

又如林語堂先生說：

宅中有園，園中有屋，屋中有院，院中有樹，

樹上見天，天中有月，不亦快哉！

還有一個可以說是登峰造極的例子：

柳色青，柳色青青，青滿城，
滿城風雨煙光送，風雨煙光送遠行，
遠行君向歸山路，君向歸山路前去，
前去離亭芳草青，離亭芳草青無數，
無數山，山彎水潺潺，
彎水潺潺行路難，行路難時時往還，
往還多是名場客，多是名場客行急，
行急無論多少程，無論多少程千百。
千百人，戀芳春，人戀芳春不似君，
不似君家有老親，家有老親常倚閭，
常倚閭，望君馬，望君馬到金臺下，
到金臺下桂花香，桂花香報報高堂，
高堂正屆稀齡壽，正屆稀齡壽春酒，
春酒遲君衣錦傾，遲君衣錦傾金斗，
金斗酌，酌春風，春風人共醉，人共醉融融。

頂真格的句子，具有橋梁、和諧、緊湊、趣味四種特色，
可以說是文學裡的「茶壺原理」。

最公平的分配法

　　哥哥和弟弟放學回家，媽媽剛烤好一個蛋糕，就拿出刀來，把蛋糕切成兩塊，一塊給哥哥，一塊給弟弟。哥哥嘀咕著，埋怨媽媽偏心，給弟弟那塊比較大；弟弟也嘀咕著，埋怨媽媽偏心，給哥哥那塊比較大。媽媽說，那就讓你們自己來選吧！哥哥先選，弟弟馬上抗議，哥哥肯定把比較大那一塊先選走了。到底該怎麼做，才能皆大歡喜？

　　媽媽想出了一個主意：先請哥哥把蛋糕切成兩塊，然後再讓弟弟選。這一來，因為是哥哥負責把蛋糕分成兩等分的，他會認為他拿到的肯定是整塊蛋糕的1/2，因此不會有任何妒忌和埋怨；同時，因為弟弟有優先選擇的機會，他也會認為自己拿到整個蛋糕的1/2或以上，因此也不會有任何妒忌和埋怨。

從切蛋糕到世界和平

　　哥哥和弟弟想了一下，都覺得這個辦法大家都能接受，這算是平分蛋糕的解答。但是，如果媽媽在蛋糕上面塗了奶油，

有些地方是巧克力奶油，有些地方則是草莓奶油，哥哥比較喜歡巧克力奶油，弟弟比較喜歡草莓奶油，那又該怎麼辦？此外，如果除了哥哥和弟弟，還有小妹妹也要吃，那又該怎麼辦？

待會兒我會再回過頭來討論這些問題。在國家、社會、日常生活中，資源、財富、賦稅、工作等的分配是政府、企業、家庭、個人經常都要面對的問題，政府如何把年度總預算分配給國防、教育和社會福利等項目？企業如何把公司所有的員工分派到研發、製造和行銷等不同部門？大至國家之間如何分配某個小島附近公海底下的天然資源、二次大戰後盟軍如何分別占據柏林？小至媽媽如何分配哥哥、弟弟和妹妹去做掃地、收拾房間和遛狗等家務事？要想得到公平、大家都能夠接受的結果，往往相當複雜且困難。

因此，數學家建立了一個平分蛋糕的模型來描述和分析這些情景。我們要把一個蛋糕切成 n 塊，分給 n 個人，每個人對每一塊蛋糕有他自己主觀判斷的價值，說得精準一點，他對每一塊蛋糕打一個分數，分數愈高，就表示他愈想分到這塊蛋糕。

其中最明顯的例子，就是一塊蛋糕愈大分數就愈高，但是蛋糕的大小往往是主觀的判斷，更何況計分也可加上個人喜惡的因素，例如蛋糕上巧克力奶油有多少？草莓奶油又有多少？這些因素對分數的影響，也因人而異。不過站在數學分析的觀

點來說，這個分數應該符合兩個合理的原則：

第一、一塊大小為0的蛋糕的分數一定是0，換句話說，沒有人要節食。

第二、把兩塊蛋糕合成一塊，它的分數不會減少，換句話說，每個人都貪吃。

在這個模型的前提下，我們的問題是：怎樣公平地把一個蛋糕分給 n 個人呢？

公平百百種，你選哪一種？

首先，我們要問「公平」是什麼意思？「公平」的一個解釋是「滿足（satisfaction）的公平」，也可以叫做「比例（proportion）的公平」，那就是每個人都認為他得到他該得到的分配。譬如說把一個蛋糕分給 n 個人，只要每個人都認為他得到整個蛋糕的 $1/n$，那就是「滿足的公平」了。大家分吃一鍋飯，只要每個人都認為他吃飽了；把一個總預算分給若干部門，只要每個部門都覺得有足夠的款項來執行全年的任務，也都是滿足的公平。說得精準一點，每個人用自己主觀的判斷，對自己得到的分配打一個分數，如果這個分數等於或者超過一個已定的分數，他就滿足了，而且這分數不一定也不必要是大家一致的。

「公平」的另一個解釋是「沒有妒忌（envy-free）的公平」，那就是每個人對別人得到的分配都沒有妒忌之意，換句話說每個人按照自己的判斷，不認為任何人得到的分配比他更好。「沒有妒忌的公平」要求的條件比「滿足的公平」高，「滿足的公平」說：我吃得飽就好了；「沒有妒忌的公平」說：我吃得飽，而且別人不能比我吃得更多或者更好。說得精準一點，「沒有妒忌的公平」是每個人用自己主觀的判斷，對所有人得到的分配打分數，別人得到的分數，不比他自己得到的分數高，才是公平。譬如說哥哥分到半塊有巧克力奶油的蛋糕，弟弟分到半塊有草莓奶油的蛋糕，如果哥哥比較喜歡巧克力奶油，弟弟倒無所謂，那就是「沒有妒忌的公平」，但如果反過來，那就不是「沒有妒忌的公平」了。

「公平」的另外一個解釋是「安心的公平」，那就是每個人對別人得到的分配都心安理得，換句話說，每個人按照自己的判斷，不認為別人得到的分配比他差，也就是說，每個人用自己主觀的判斷，別人得到的分配的分數，不比他自己得到的分配的分數低。

「公平」另外的一個解釋是「一致的公平」，如果所有的人用自己主觀的判斷，替所有的人得到的分配打分數，而這個分數都相同一致的話，那就是一致的公平，譬如大家都認為

每個人分配到的蛋糕大小都一樣，或是大家都認為每個人分配到的工作，都同樣要花四十個小時才能夠完成，就是「一致的公平」。

讓我強調，在解釋「公平」這個觀念時，一個重要的因素是：若每個人對每一個分配的分數有他自己主觀的判斷，要如何達到公平的目的，往往是相當複雜的事情。反過來，如果對每一個分配的分數，大家都有一個共同接受的、客觀的、量化的判斷，例如一塊蛋糕以它的重量為分數、一份工作以它的工作時間為分數，「公平」的觀念就比較容易瞭解，「公平」的目的也比較容易達成。

講完這些架構上的觀念，讓我們回頭具體地討論怎樣平分一個蛋糕。先讓我重複上面講過的，媽媽如何把一個蛋糕平分給哥哥和弟弟：她先讓哥哥把蛋糕切成兩塊，再讓弟弟從兩塊裡選一塊，這個分配法達到「滿足的公平」的目的，因為哥哥認為他的確把蛋糕平分成兩塊，因此在他心目中，他拿到的確實是一半；另一方面，弟弟認為他在兩塊蛋糕中選了比較大的一塊，因此拿到的會等於或者大於一半。

同時，這個分配法也達到「沒有妒忌的公平」的目的，因為在哥哥的心目中，弟弟只拿到一半，不會比他拿到的更多；在弟弟的心目中，哥哥只拿到他不要的一塊，不會比他拿到的

多。至於這個分配法有沒有達到「一致的公平」呢？那就不一定了，雖然毫無疑問地，哥哥認為他得到的是一半，可是弟弟可能認為他得到的是一半或者大於一半。

把這個問題延伸到把一塊蛋糕分給哥哥、弟弟和妹妹，問題就比較複雜了，因為「滿足的公平」並不保證「沒有妒忌的公平」，在三個（或者更多的）兄弟姐妹的情形之下，即使每個人都認為他自己分配得到 1/3，但是同時他也可能主觀地認為可能有別人分配到 1/3 以上。

滿足的公平

讓我們看看怎樣把一個蛋糕分給三兄妹，以達到「滿足的公平」。首先，有一個看似最明顯和簡單的方法是行不通的：讓哥哥把蛋糕分成三塊，讓弟弟選，再讓妹妹選，剩下來的給哥哥。在哥哥的心目中，三塊蛋糕的大小是一樣的，他滿足；在弟弟的心目中，他先選了最大的一塊，他也滿足；但是在妹妹的心目中，弟弟可能拿了最大的一塊，剩下來的兩塊都是小於 1/3 的，所以她不會滿足。

有一個可行的方法，容我告訴大家：首先，我們把一塊等於 1/3 或者以上的蛋糕叫做大塊，一塊在 1/3 以下的蛋糕叫做小塊。首先，讓哥哥把蛋糕分成三塊，在他的心目中，每塊都是

大塊。然後，讓弟弟來評估，這有兩個可能(1)和(2)：

(1) 如果弟弟認為這三塊裡至少有兩塊是大塊，他就說：「讓妹妹先選吧！」妹妹先選，當然在她心目中，她選的那一塊是大塊；接下來弟弟選，因為在他心目中至少有兩塊大塊，即使妹妹選了一塊，剩下來還有一塊；最後剩下來的一塊給哥哥，反正他一直認為三塊的大小都是1/3，所以就達到了「滿足的公平」的目的。

(2) 但是如果弟弟認為這三塊裡，只有一塊大塊，那就是說有兩塊是小塊，他還是說：「讓妹妹先選吧！」這就會產生兩個可能(2.1)和(2.2)：

(2.1) 如果妹妹認為這三塊裡至少有兩塊大塊，妹妹就說：「還是讓弟弟先選吧！」這個時候，因為在弟弟心目中，三塊之中有一塊大塊，兩塊小塊，他當然選那一塊大塊；接下來妹妹選，因為在她心目中，有兩塊大塊，即使弟弟選了一塊大塊，還剩下來一塊大塊；最後剩下來的一塊給哥哥，反正他一直認為三塊的大小都是1/3，所以就達到了「滿足的公平」的目的。

(2.2) 如果妹妹也認為這三塊裡只有一塊大塊，那就是說有兩塊小塊，既然弟弟認為三塊中有兩塊小塊，妹

妹也認為三塊中有兩塊小塊，因此至少有一塊弟弟和妹妹都公認是小塊，那就把這個小塊分給哥哥，因為他會無怨無尤地認為每一塊的大小都是1/3。接下來，我們把剩下來的兩塊合起來，成為一塊，在弟弟和妹妹的心目中合起來那一塊是大於2/3的，因為哥哥已經拿走了他們心目中的小塊，我們就用媽媽的老方法（媽媽應用的正是茶壺原理），讓弟弟切，妹妹選，在他們兩個人的心目中都各分到一塊大小是2/3的一半或者以上，也就達到「滿足的公平」的目的了。

上述可以達到「滿足的公平」目的的切法可以推廣到 n 個人，不過在這裡我就不講了。

沒有妒忌的公平

接下來，讓我們看看若要把一個蛋糕分給三兄妹，且達到「沒有妒忌的公平」的目的，該用什麼方法。

首先，哥哥把蛋糕分成他認為是三等分的三塊，接下來，讓弟弟比較這三塊的大小，假如他也認為這三塊的確是三等分，那就簡單了，讓妹妹先選，然後讓弟弟選，再讓哥哥拿剩下來的一塊。因為妹妹是先選的，她不會妒忌哥哥或者弟弟，

既然哥哥和弟弟都同意這三塊是三等分的，那麼不管妹妹怎麼選，哥哥也不會妒忌，弟弟也不會妒忌，而且哥哥和弟弟彼此之間也不會妒忌，也就達到了「沒有妒忌的公平」的目的。

但是如果弟弟在比較這三塊的大小之後，他認為這三塊的大小是不同的，他把它們排成最大、次大、最小三塊，他把最大那一塊切成兩塊，叫這兩塊做A和D，在弟弟的心目中，A的大小等於次大那一塊叫做B，還有最小那一塊叫做C，如圖1-3 (a)所示。讓我們把D放在一旁，先分配A、B和C，我們讓妹妹先選，當然她可以隨便選，接下來讓弟弟選，但是有一個條件，如果妹妹沒有選A，弟弟一定要選A，剩下來的就留給哥哥。請注意，選A的一定是弟弟或者是妹妹。讓我們只分析妹妹選了A的這個可能，至於弟弟選了A這個可能的分析是相似的。

妹妹選了A，我們就讓弟弟來選，弟弟自然選了B。接下來，我們讓弟弟把D分成三小塊，如圖1-3 (b)所示。我們先讓妹妹在那三小塊裡選，再讓哥哥選，最後剩下來那一小塊就留給弟弟。讓我們總結一下：

1. 妹妹分到A和D的三小塊裡她最先選的一小塊
2. 弟弟分到B和D的三小塊裡最後剩下來那一小塊
3. 哥哥分到C和D的三小塊裡他在中間選那一小塊

　　站在妹妹的立場，在A、B、C裡她是最先選的，在D的三小塊裡，她也是最先選的，所以她不會有任何妒忌和埋怨。站在弟弟的立場，他分到B，站在他的立場B的大小和A一樣，因為是他負責把原來最大的一塊切成A和D的，B不會比C小，因為他是從B和C中間選了B的，弟弟也分到D的三小塊裡剩下來那一塊，但是他是負責把D平分的，所以他也沒有任何的妒忌和埋怨的地方。站在哥哥的立場，首先，他分到C，C是他首先把蛋糕分成三等分中的一塊，所以在他的心目中C比A大，C也不小於B，接下來，哥哥也不會妒忌妹妹，因為哥哥認為C＝A＋D，現在妹妹只拿到A加上D的一小塊，哥哥也不會妒忌弟弟，因為哥哥認為C＝B，而且D的三小塊裡，哥哥先選，弟弟後選，這也就達到了「沒有妒忌的公平」的目的了。

　　達到「沒有妒忌的公平」目的的切法，也已經推廣到n個人，但是目前推廣的切法中有一個缺點，我們在上面講過的方法：若兩個人，「沒有妒忌的公平」的切法，只要切一刀；若三個人，「沒有妒忌的公平」的切法，只要切五刀；可是在目

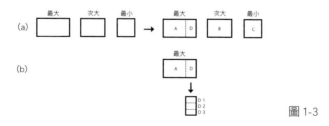

圖 1-3

前已知的推廣分法，即使四個人，要切的刀數卻是沒有上限的，也因此還有許多研究的空間。

各得其所的公平

接下來，我要講一個不同的情景：媽媽把蛋糕切成三段放在桌上，哥哥、弟弟、妹妹，同時伸手去拿他們最想要的那一段，而且每個人的選擇完全憑自己的主觀和靈感，不見得和大小有關，也許哥哥喜歡巧克力比較多的一段，弟弟喜歡有白色奶油那一段，妹妹喜歡蛋糕上有一朵花那一段，而且這些主觀的衡量並不是固定的，媽媽換一種切法，三個人的選擇可能又會按照不同的想法來判斷，不一定和巧克力、奶油和花有關係，換句話說，三個人隨心所欲，沒有規則可以遵循。

很明顯地，如果媽媽把蛋糕切成三段，而有兩個小朋友都搶著要同一段，那麼就會打起架來了。反過來，如果三個人的首選都各不相同的話，譬如說哥哥要第一段、弟弟要第三段、妹妹要第二段，那就天下太平，沒有任何爭執了，這可以叫做「各得其所的公平」。有人問說，媽媽真難做，到底「各得其所的公平」有可能達到嗎？答案是「幾乎」是可以的。

讓我較為精準地描述一個切蛋糕的模型，有一塊長方形的蛋糕自左到右總長度是 1，媽媽拿著刀垂直的把蛋糕切成三段，

由左到右。明顯地，我們有很多不同的方法選擇三段長度x_1、x_2、x_3的數值。在任何一個切法裡，三兄妹可以各有他們自己首選的一段，我們的目的是尋找一個切法，讓三兄妹的首選彼此沒有衝突，也就是哥哥說我首選的是某一段，弟弟說我首選的是另外一段，妹妹說我的首選是不同的另外一段，當他們的首選沒有衝突時，這就達到「各得其所的公平」了。

首先，假如媽媽嘗試很多很多的切法，譬如說一千個不同的切法，把蛋糕切成三段，哥哥告訴媽媽在每一個切法裡，他優先選擇的一段，同樣地，弟弟和妹妹也告訴媽媽在每一個切法裡他們首選的一段，那麼請問：在這一千個的切法裡，可不可以找到一個切法，讓哥哥、弟弟和妹妹的首選都各不相同，答案是「差不多」可以的。

讓我們先假設有三個切法，在這三個切法裡，三兄妹的首選是不同的，有一個切法，哥哥的首選是第一段，有另外一個切法，弟弟的首選是第二段，又有另外一個切法，妹妹的首選是第三段，換句話說，他們的首選是沒有衝突的。您說這有什麼用，這是三個不同的切法！但是如果我同時告訴您，這三個切法都是很接近的，也就是說在這三個切法裡，x_1的數值都很接近，x_2的數值都很接近，x_3的數值也很接近，那麼我們就可以把這三個切法「馬馬虎虎」地合成一個切法，那就是一個

「各得其所的公平」的切法了。在數學上嚴格地來說，我們從一千個不同的切法，增加到一萬個、十萬個不同的切法，那麼這三個切法就會收斂成為一個切法了。

Sperner 定理

讓我講一個數學的結果。畫一個大三角形，然後隨意把大三角形分割成小三角形，請讓我把「分割」的定義精準地說清楚：第一、小三角形的面積是不重疊的。第二、兩個相鄰的小三角形有一條共同的邊，而且必須是整整一條邊，換句話說，一個小三角形的一邊不能分成幾段作為和幾個相鄰的小三角形的共同邊。如圖1-4所示。

接下來我們用紅、綠、黃三種顏色塗在這些三角形的頂點上：

1. 大三角形的三個頂點分別塗上紅、綠和黃。

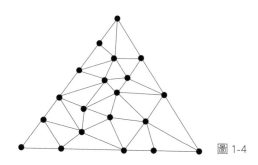

圖 1-4

2-1. 在大三角形「紅 - 綠」邊上小三角形的頂點，隨意用紅或綠來塗。

2-2. 在大三角形「綠 - 黃」邊上小三角形的頂點，隨意用綠或黃來塗。

2-3. 在大三角形「黃 - 紅」邊上小三角形的頂點，隨意用黃或紅來塗。

3. 在大三角形裡的頂點，隨意用紅、綠或黃來塗。

其結果就如圖1-5所示。

這個著色的方法也稱為Sperner著色方法，Sperner著色方法有一個有趣、聽起來很簡單但很重要的結果，叫做「Sperner定理」（Sperner's Lemma），也就是說：在一個用Sperner著色方法來著色的三角形裡，有奇數個小三角形，每個小三角形的三個頂點分別用紅、綠、黃三種不同的顏色來著色，或者說得簡單一點，最低限度有一個小三角形，它的三個頂點是分別用

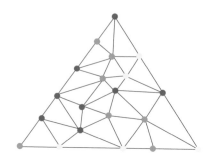

圖 1-5

紅、綠、黃來著色。我不會在這裡敘述Sperner定理的證明，我建議有興趣的讀者動手試試看，只要您按照上面的規則來著色，最後絕對會出現一個小三角形，它的三個頂點是紅、綠、黃這三色。

我花了好些工夫來介紹Sperner定理，這有幾個原因：第一、顯然，這是個有點意料不到的結果，當我用紅、綠、黃把大三角形的三個頂點著色之後，在大三角形邊上的小三角形頂點的顏色，有兩個可能的選擇，在大三角形裡的頂點的顏色，有三個可能的選擇，但是不管您怎麼選，最後都會出現一個三個頂點分別是紅、綠、黃的小三角形。

第二、在拓撲分析裡（拓撲，topology，研究形狀和空間的數學性質），有一個非常重要的定理叫做「布勞威爾定點定理」（Brouwer fixed-point theorem），Sperner定理可以說是布勞威爾定點定理的一個離散版本。

第三、除了可以解決媽媽把蛋糕切成三段的問題之外，Sperner定理還有很多有趣的應用。

蛋糕切三段，首選各不同？

讓我們回到切蛋糕的問題：有一塊長方形蛋糕從左到右長度是1，媽媽拿著刀垂直地把蛋糕切成三段，從左到右它們的長度

是 x_1、x_2、x_3，其數值都是大於等於 0，小於等於 1，$x_1 + x_2 + x_3 = 1$。首先，用 x_1、x_2、x_3 作為三維的空間的座標，把 $x_1 = 1$，$x_2 = 0$，$x_3 = 0$ 這一點，和 $x_1 = 0$，$x_2 = 1$，$x_3 = 0$ 這一點，和 $x_1 = 0$，$x_2 = 0$，$x_3 = 1$ 這一點，連起來形成一個三角形（如圖 1-6 所示），上面任何一點 (x_1, x_2, x_3) 都滿足 $x_1 + x_2 + x_3 = 1$ 這個條件，也就代表把蛋糕切成長度等於 x_1、x_2、x_3 三段的切法。

讓我們把這三角形的三個頂點 $(1,0,0)$，$(0,1,0)$，$(0,0,1)$，分別標籤為 A、B、C。接下來，我們把這個大三角形整整齊齊地分割成等邊的小三角形，而且每一個小三角形的三個頂點，都加上 A、B、C 的標籤，這並不困難，不過讓我也交代一下：

把一個等邊三角形三個頂點標籤分別為 A、B、C。

再將三邊中點連起來，而且將邊 AB 的中點標籤為 C。

邊 BC 的中點標籤為 A，邊 AC 的中點標籤為 B，如圖 1-7。

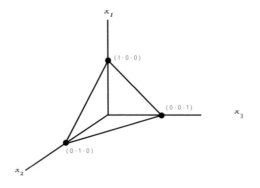

圖 1-6

這樣反覆執行後，就如圖 1-8 所示。

A、B、C這三個標籤分別代表哥哥、弟弟、妹妹。當我們在一個頂點，加上一個標籤A，A代表當媽媽按照這個頂點的座標 (x_1, x_2, x_3) 把蛋糕切成三段的時候，哥哥有最先的發言權在這三段裡選一段。同樣，標籤B代表弟弟有最先發言權，標籤C代表妹妹有最先發言權。

接下來，讓我們用Sperner著色方法在圖1-8的三角形的頂點塗上顏色，如圖1-9所示[3]。紅、綠、黃三種顏色代表選擇蛋糕的方法：紅色代表選第一段，綠色代表選第二段，黃色代表選第三段，例如：讓我們看大三角形的頂點，座標是 (1,0,0) 那一點塗上紅，座標是 (0,1,0) 那一點塗上綠，座標是 (0,0,1) 那一點塗上黃，因為假設不管是誰都不會笨到選長度是0的一段蛋糕；同樣在「紅-綠」邊上的頂點塗上紅或綠，因為這些頂點的

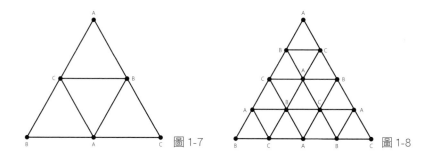

圖 1-7　　　　　圖 1-8

---

3. 趁這個機會複習，不管你怎麼塗，都會產生一個紅、綠、黃的三角形。

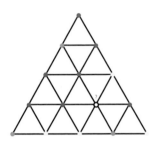

圖 1-9

座標都是 $(x_1, x_2, 0)$，也不管是誰都不會笨到選長度是0的那一段蛋糕，在「綠-黃」邊上的頂點塗上綠或黃，在「黃-紅」邊上的頂點塗上黃或紅，理由相同。

讓我做一個總結，把圖1-8和圖1-9合起來，三角形的每一個頂點 (x_1, x_2, x_3)，都有一個A、B、C的標籤和一個紅、綠、黃的顏色，例如（A,綠），（A,黃），（B,黃），（C,紅），……。（A,綠）代表當把蛋糕按照x_1、x_2、x_3的值切成三段的時候，哥哥(A)有首先發言權，並且他會選第二段（綠）；（A,黃）代表哥哥(A)有首先發言權，並且他會選第三段（黃）；（B,黃）代表弟弟(B)有首先發言權，並且他會選第三段（黃）。

結論出來了：在圖1-8所示的三角形裡，一定會有一個三角形，它的三個頂點的三個標籤是A、B、C，三個顏色是紅、綠、黃，也就是說有三個非常接近把蛋糕切成三段的方法，在這三個方法裡，三兄妹的首選是不同的！

預測群蟬亂舞的年分

　　蟬是一種很有趣的昆蟲，按照動物學的分類，全世界有三、四千不同的種類，在臺灣就有熊蟬、騷蟬、草蟬等。在大家的印象裡，蟬只在夏天出現，到了秋天就銷聲匿跡，牠們的生命似乎是很短的，但事實並非如此，蟬在地底下長大，通常要經過6、7年，更有些要經過17、18年，才從地底下鑽出來，爬到樹上去。

　　唐朝詩人虞世南有一首詠蟬的詩：

　　垂緌飲清露，流響出疏桐。
　　居高聲自遠，非是藉秋風。

　　意思是：像帽緌一樣的觸角吸吮著清涼甘甜的露水，聲音從疏落的梧桐樹枝間傳出來，在高處發出的聲音自然傳得遠，而不是靠秋風來吹送。言外之意是一個品格高尚的人不需要依靠別人幫助，聲名自能遠播。

羽化登仙，遺世獨立

在蟬的成長過程中，首先，雌雄交配後，雌蟬會在樹皮上咬開裂縫，把受精卵放在裂縫裡，受精卵在樹皮縫裡大概經過十個月就變成若蟲。

在昆蟲學裡，昆蟲的一生，外部形態和內部器官會經過幾次大變化，例如蝴蝶、蜜蜂，牠們經過卵、幼蟲、蛹、成蟲四個階段，幼蟲和成蟲形狀往往大不相同，蝴蝶的幼蟲就是俗稱的毛毛蟲；但有些昆蟲，如蟬、蜻蜓等，牠們只有三個成長階段，卵、若蟲、成蟲，沒有蛹這個時期，若蟲和成蟲差不多完全一樣，只是體型比較小，翅膀比較小，性器官還沒有發育成熟而已。換句話說，作為學術名詞，幼蟲和若蟲是有不同的含義的，雖然在日常生活裡，我們往往會籠統地用幼蟲來指幼蟲或若蟲。

蟬的若蟲從樹上掉到地面就鑽進泥土裡，淺則30、40公分，深則2、3公尺，依附在樹的根部，吸取根部的水分作為食物，這些水分含的養分很少，所以若蟲的成長速度是相當慢的。雖然樹本身經過光合作用之後會製造出有養分的液體，可是蟬的若蟲吸取不到這些液體，不過無論如何，在地底下，倒是安安穩穩，不必擔心別的動物襲擊。當若蟲的身體長大到兩倍的時候，牠就會脫一次皮，一個比喻是身體長大了，衣服不

再合身，就脫下來換一套，這樣反覆幾次，通常經過五、六年，若蟲就會鑽一條通路，從地底下爬出來，到草地或者樹幹上，進行最後一次脫皮，讓翅膀伸展開來變成成蟲，這也就是所謂「羽化」。蘇軾在〈前赤壁賦〉裡就有「飄飄乎如遺世獨立，羽化而登仙」的名句。此外，因為蟬把外皮脫掉，讓生命在原來的軀體中延續，所以「蟬聯」這一個詞就是連續的意思。蟬蛻下來的皮叫做「蟬蛻」，是中藥裡一種常用的藥材，牠含有大量的甲殼質。站在考古學的立場，動物蛻下來的皮，是非常有用的考古資料，因為動物的身體雖然腐化了，牠們蛻下來的皮卻會存留很久。

羽化後的雄蟬會鼓動腹部底下的振膜，發出求偶的訊號，雌蟬是不會發聲的，交配後雄蟬就會死亡，雌蟬在產卵後也會死亡，前後大約兩個星期。這雖然是蟬的生命週期的簡單描述，但是相信大家能體會生物成長過程中的神妙。

蟬生長在熱帶和溫帶的氣候，遍及世界各地，可是動物學家發現，在美洲有些品種，牠們有一些有趣的特色：普通的蟬的生命週期大約是5、6年到8、9年，但是這些在北美洲的蟬，牠們的生命週期會長達13年、17年，這怎麼解釋呢？換句話說，為什麼有些蟬發育成長的速度比較慢？從另外一個角度來說，也可以問為什麼有些蟬活得比較久？難道其中有什麼長壽的原

因和祕訣嗎？比方，蟬藏在地底下，吸取樹根的水分，如果樹根的水分比較充沛、養分較多，那就可能長得比較快，反過來就會長得比較慢。樹根裡的水分、養分又和氣溫關係密切，氣溫高，樹根裡的水分、養分比較多。雖然這個說法大致是對的，但還需要更深入地探討，因為以日本和北美洲來說，兩地蟬的種類都很多，但北美洲也並沒有特別冷呀！

冰河時期氣溫大巨變

一切還是要回溯到幾十億年前，地球生物演變進化的過程：地球的誕生，大約在四十六億年以前，四十億年前原始海洋誕生，三十八億年前海洋中出現了最初的生命元素，等到大約五億八千萬年前，也就是寒武紀的開始，生物界發生了所謂「寒武紀大爆炸」[4]，那就是從單細胞生物開始，在短短的七、八千萬年裡，生物進化的速度突然大大增加，在距離現在六億年到三億年前的古生代，魚類、兩棲動物、蜻蜓、蟑螂、蟬等昆蟲，爬蟲類以及恐龍的祖先就先後出現了。

接下來的一億五千萬年，那就是離現在三億年到一億五千萬年前的中生代，地球史上最驚人的生物大滅絕發生，在中生代裡的侏羅紀，恐龍興旺繁衍，可是在不到一億年之內，恐龍就減少並滅絕了。到了六千五百萬年前，那就是新生代的開

---

4. 考古學裡，寒武紀、侏羅紀等名詞都是時間的標誌，古生代寒武紀大約是在五億八千萬年前，侏羅紀大約是二億一千萬年前。其實寒武、侏羅都是源自考古學家發現當時代遺物之地的地名，寒武紀英文是 Cambrian，源自英國 Wales 一個古羅馬名叫 Cambria 的地方，寒武紀是日本人使用日語漢字音讀 kan bu ki 翻譯過來的。同樣，侏羅紀英文是 Jurassic，源自瑞士一座名為 Jura 的山。

始，哺乳類的祖先陸續出現，地球的平均氣溫上升，大約五百萬年之前，人類和猿猴類開始從共同的祖先分家，試想，五百萬年不過是地球歷史的千分之一呀！

在新生代裡有一個時間點，就是大約一百八十萬年前的冰河時期，和蟬的故事很有關係。在地球悠長的歷史裡，氣溫發生過好幾次巨大的變化，最近有些學說指出，在幾十億年前，地球曾經冷到幾乎完全凍結，也曾經熱到地球表面的水幾乎完全蒸發。在冰河時期，地球大部分的陸地被覆蓋在白雪的冰層底下，地球表面的溫度下降，因而影響動物和植物的生態，在南、北極等非常寒冷的地方，雪落下來，堆積起來變成冰，如果持續寒冷下去，冰不會融化，上面又繼續積雪，上層的冰愈來愈重，一直往下壓，下面的冰就會開始流動。幾百年下來，像河川般流動的冰就會把大片地面覆蓋起來，這就是冰河。當冰河流到盡頭，無法再往前流動，就會層層堆積，形成冰床。

地球為什麼會進入冰河時期呢？主要有三個原因：第一、空氣成分的比例改變，太陽光照射在地球表面反射回到大氣中，當大氣裡的二氧化碳含量增加的時候，反射出來的熱量被封鎖在地球表面，地球表面的溫度會上升，這就是溫室效應；當大氣裡的二氧化碳含量減少，反射出來的熱量比較容易散逸，因此反過來，地球表面的溫度會下降。

第二、地球繞著太陽公轉，公轉的軌道會受到其他星球的影響，因此地球有時候離太陽比較近，有時候比較遠，地球的溫度因而也會產生週期性變化。同時，地球繞著傾斜23.5度的軸自轉，但是這個傾斜度每隔四萬年會改變一次，因此太陽照在陸地和海洋的部分就不同，當太陽照在陸地集中的地區時，因為陸地吸熱快、散熱也快，氣溫的起伏會比較大；反之，當太陽照在海洋集中的地區時，氣溫起伏就比較小。

第三、冰河的形成有循環反饋的效應，在陸地上，綠色森林和黑色土地所反射的陽光比較少，因此地表溫度較高，白色冰雪反射的陽光較多，因此地表溫度較低，冰河的形成就循環性地加強了。

被打亂的生命週期

在冰河時期，北美大陸曾有三個地方形成冰床，這三個冰床分別擴大，最後連成一塊，覆蓋了北美洲大部分的陸地，許多動物、植物也因而絕跡。但是科學家也發現，很幸運地，在盆地、有溫暖的海流經過的海邊、有溫泉湧出的區域等地，包括蟬在內的動植物，就能在這些可被稱為避難所的地方生存下來。因此，蟬在北美洲沒有絕種，可是牠們的生命週期就延長了。在較溫暖的美國南部，蟬要經過約12到15年才會長成，至

於寒冷的北部地方更要經過14到18年。因為蟬長出翅膀後，只有短短兩星期的生命，不能飛到遙遠的地方去，加上避難所需要的空間本來就不大，結果蟬大多停留並聚合在特定區域，偶然飛得比較遠的，也因為找不到避難所而滅亡了。

這就解釋了蟬會在同一個時間、同一個地方，大量出現的現象。換句話說，在某些地方生命週期是12年的蟬，會一起出現，再過12年，牠們的下一代又會一起出現；同樣，在某些地方生命週期是13年的蟬，會以13年的週期出現；生命週期是14年的蟬，會以14年的週期出現，這些蟬都叫做週期蟬，但是奇怪的是：在北美洲最顯著，只有生命週期是13年和17年的蟬，每隔13或者17年大批出現，為什麼？

這就是所謂雜交打亂了生命週期循環的說法：假設有一個生命週期是12年的族群和一個生命週期是18年的族群，一起同時出現，生命週期是12年的族群，同族交配生下來的蟬，生命週期自然是12年，生命週期是18年的族群同族交配生下來自然是生命週期是18年的蟬，但是如果一隻生命週期12年的蟬和一隻生命週期18年的蟬交配，生下來的蟬的生命週期可能是13至17年的蟬，當這些蟬成熟的時候，就很難找到配偶，因此就會消失滅亡了。同時，這對生命週期是12年和18年的族群也是一個損害，因為雜交也造成了下一代總數的降低。換句話說，兩

個生命週期不同的族群，在同一個時間點出現，對雙方都是不利的。那麼讓我們看看把生命週期是 12、13、14……17、18 年的族群放在一起，在一百多年內，有哪些族群會在同一年出現呢？

第 36 年，12 年族群撞上 18 年族群

第 48 年，12 年族群撞上 16 年族群

第 60 年，12 年族群撞上 15 年族群

第 72 年，12 年族群撞上 18 年族群

第 84 年，12 年族群撞上 14 年族群

第 90 年，15 年族群撞上 18 年族群

第 96 年，12 年族群撞上 16 年族群

第 108 年，12 年族群撞上 18 年族群

第 112 年，14 年族群撞上 16 年族群

第 156 年，12 年族群撞上 13 年族群

第 204 年，12 年族群撞上 17 年族群

第 221 年，13 年族群撞上 17 年族群

在特定年分對撞的「質數蟬」

我想大家已看出其中的奧妙了，兩個不同族群在一個所謂的「生命週期公倍數」的年分就會撞上，12和18的最小公倍數是36，所以36、72、108都是牠們撞上的年分。12和16的最小公倍數是48，所以48、96都是牠們撞上的年分，換句話說，兩個年分的最小公倍數愈小，牠們撞上的機會愈大，兩個年分的最小公倍數愈大，牠們撞上的機會愈小，因為13和17都是質數，所以牠們和別的年分的蟬撞上的機會比較小，因此，每隔13年生命週期是13年的蟬會大批出現；每隔17年生命週期是17年的蟬會大批出現。生命週期是13年和17年的蟬，也叫「質數蟬」。

2004年，美國華盛頓特區有大批17年的質數蟬出現，同時在不遠的辛辛那堤城，一家報社的新聞標題是「50億隻蟬同時出現」，下一回呢？2004＋17就是2021了。當然站在科學的立場，對質數蟬的出現，上面是個合理的解釋，到底是不是正確的解釋，又得再找更多佐證了。

讓我也提一下，在生物裡動物生命週期的長短除了和環境有關之外，也會和要捕食牠的敵人的生命週期有關，如果動物的生命週期撞上捕食牠的敵人的生命週期，也就增加了難逃劫數的機會了。

「尋找千里馬」的法則

　　大家都聽過「伯樂相馬」的故事：伯樂是春秋時代的人，他是一位很會評鑑挑選馬的馬師，他奉楚王之命到各地去找千里馬，跑了好幾個國家，始終沒有發現合意的選擇，有一天看到一匹骨瘦如柴、拉著鹽車、在上坡路上氣喘汗流地往上爬的馬，伯樂走過去，這匹馬突然昂起頭來，大聲嘶叫，伯樂在聲音中立刻判斷出來這是一匹難得的駿馬。

　　「慧眼識英雄」這句成語想必每個人都耳熟能詳，佛教裡說的五眼是肉眼、天眼、慧眼、法眼和佛眼，所謂「慧眼」就是指一個人能看破假相，見到實相。但是，正如韓愈說的「世有伯樂，然後有千里馬，千里馬常有，而伯樂不常有」。至於慧眼是怎麼來的，那就更玄了。因此，到了科學昌明的今天，很自然地，要評估潛力就得朝量化的方向走。

　　從事科學研究、文學創作、音樂藝術、管理領導、體育運動等活動，毫無疑問地，天賦能力和過往的訓練和準備，都和未來的表現有密切關係。但是，評估一個人在某個領域的能力

並預測他未來的表現和成就，以往好像只能憑直覺和經驗。到底這個問題該怎樣用科學量化來回答？

華裔球員林書豪（Jeremy Lin）是NBA（National Basketball Association，美國職業籃球協會）史上第二位哈佛大學畢業生，在2012年帶領紐約尼克隊（New York Knickerbockers）獲得七連勝，捲起一陣「林來瘋」（Linsanity）熱潮。他的故事剛好可以驗證這個主題：到底有沒有可靠、有效的方法去評估一個人在某個領域的潛力，預測他未來的成就呢？這可真的是「大哉問」！就讓我們從林書豪的例子看起。

慧眼識「書豪」

林書豪的雙親都是從臺灣去美國的留學生，2006年他從高中畢業，因為史丹佛大學（Stanford University）和加州大學洛杉磯分校（UCLA）在學術和籃球兩方面都是非常傑出的大學，而且又在他家所在的美國西岸，自然成為他最嚮往的目標。不過這兩所學校都無法提供獎學金的名額給他，後來他選了首屈一指的長春藤名校哈佛大學（Harvard University），雖然長春藤大學並不提供運動獎學金。

巧合的是，同年史丹佛大學把獎學金給了一位名叫Landry Fields的球員，他在史丹佛大學畢業後，就加入紐約尼克隊，後

來2011年時，他和林書豪同時為尼克隊效力。

　　美國的大學籃球比賽有一個相當完整的架構和組織，在全國大學體育協會（National Collegiate Athletic Association，簡稱NCAA）底下，超過一千所大學的籃球隊分成三組，每一組裡又分成二、三十個聯盟，聯盟裡的隊伍在球季中彼此相互競賽，再舉行季後賽，決定全國的冠軍隊伍。

　　籠統地說，在美國，光是學校籃球校隊層次的球員，就有上萬個，再加上來自國外的球員和剛從高中畢業的球員，在NBA每年的選秀大會上，30個球隊按次序分兩輪，一共挑選60個球員，沒有被挑選上的球員，就得經由其他管道進入這30個職業籃球隊了。

　　2010年，林書豪從哈佛大學拿到經濟學學士學位畢業，但是他沒有在選秀會中被選上，不過每年夏天，NBA有兩個夏季聯盟給球隊做練兵之用，每個球隊會以剛被選秀會選中的菜鳥球員（rookies）和隊裡比較年輕的板凳球員（bench players）為主，再加上邀請在選秀會中落選的球員組隊參加，目的之一就是發掘遺珠。林書豪獲得小牛隊（Dallas Mavericks）的邀請，成為小牛隊夏季聯盟球隊裡13個球員中的一員。在夏季聯盟的5場比賽，林書豪以優異的表現，獲得小牛隊和另外三隊的合約建議，林書豪選擇和勇士隊（Golden State Warriors）簽了兩年

合約，其中一個原因是勇士隊在他家附近，是他從小最喜歡的球隊。

2010年的球季也是林書豪在勇士隊的第一年，他在29場球賽裡上場，平均得分是2.6分，而且在勇士隊和勇士隊在小聯盟（Development League）裡的訓練隊中間三落三上。第二年籃球季集訓剛開始的時候，勇士隊就把林書豪釋出了；火箭隊（Houston Rockets）和林書豪簽了合約，可是在季前賽打了兩場球，一共7分鐘之後，火箭隊又把林書豪釋出；幾天之後，紐約尼克隊簽了林書豪，在球季前面的23場裡，林書豪一共上場55分鐘，中間還被放到小聯盟三天，在這23場球賽裡，尼克隊勝8敗15勝，加上傷兵累累，總教練決定給林書豪機會，增加上場的時間，並且改為先發，這一來尼克隊聲勢大增，連贏7場，而且在這7場裡，林書豪每一場都是全隊助攻次數最高的，有五場是全隊得分最高，林書豪在最初5場先發裡，每場都拿到20分和7次助攻以上，是NBA歷史上最高的紀錄，林書豪精采的表現，帶來了大家都熟悉的「林來瘋」！

不幸地，球季結束前一個月，林書豪膝部受傷，必須開刀，也就結束了他的球季。但是林書豪在26場球賽裡的貢獻，幫助尼克隊進入季後賽，也締造了尼克隊十多年球季最高的勝負比率。2012年夏天，他離開尼克隊，和火箭隊簽了二萬

五千美元，三年的合約，2014年夏天，他又轉入湖人隊（Los Angeles Lakers）。

林書豪高中畢業時，得不到以籃球著名的大學的青睞，輾轉進入職業籃球隊，被釋出、被下放，卻突然嶄露頭角大展身手，成為超級巨星，的確讓許多專家跌破眼鏡。尤其是在美國職業運動的領域，教練、探子、體育評論家對每一個選手都會有非常詳盡和深入的觀察和分析，可是大家對林書豪都看走了眼！不過，有一個在體育界不見經傳，名字叫做魏蘭德（Ed Weiland）的人，從來沒有看過林書豪打球，卻遠在2010年就看出林書豪的潛力。

魏蘭德先生在一間快遞公司工作，但是在工作之餘，他搜集、分析運動員成績的數據，在2010年選秀大會以前，他在一個網站選出他認為當年最佳的控球後衛（Point Guard），他把林書豪排在第二名，他認為林書豪足以在NBA當先發球員，甚至可能成為明星球員，除了最明顯的數據，包括投籃、命中率、得分、助攻、失誤之外，他特別注意兩分球的命中率和籃板、抄截和阻攻這三個數字的總和，簡稱為RSB40[5]。因為兩分球的命中率反映了灌籃和帶球上籃（layup）的進攻能力，而籃板、抄截和阻攻這三個數字反映了防守能力，而且兩者都反映了整體的運動能力。林書豪這兩個分數都很高，而且和NBA裡出

---

5. RSB40意即 Rebounds, Steals, Blocks per 40 minutes。

色的控球後衛在大學時代的分數相比，不遑多讓，再加上作為一個弱隊的球員，林書豪在遇到強敵的比賽裡，表現依然很出色，足以顯出他的韌性。

我們也可以看看在2010年選秀中，魏蘭德先生排在前六名的控球後衛的職業籃球生涯：排第一名的，毫無疑問是非常出色，他是選秀會的狀元；排名第三的，在第一輪尾，排名第六的，在第二輪開始也被選上了，都成為NBA的球員；排名第四的，後來退出選秀；排名第五的沒有被選上，不過經過一年多的起伏之後，也打進了NBA球員的行列。魏蘭德先生的判斷，的確是相當準確的，而且也因為林書豪的林來瘋，魏蘭德先生也一夜爆紅。

從黃金比例挑俊男美女

「英俊、美麗」似乎是非常主觀的判斷，正如中文裡的「情人眼裡出西施」，英文裡的「Beauty is in the eye of the beholder」，但是古今中外都嘗試把「英俊、美麗」這個觀念量化。被譽為人類歷史上最博學多才的達文西（Leonardo da Vinci）有一張非常有名的素描叫做〈維特魯威人〉（Vitruvian Man）。這是一張大家在很多地方都見過的素描，裡頭有兩個重疊的健壯中年男子的裸體畫像，其中一男子兩腿叉開，兩臂微微高舉，以他

的雙手指尖和雙腳為端點，正好外接一個圓，這個圓的中心正是他的肚臍；另一個男子兩腿併立，兩臂平伸，以他的頭頂、雙手的指尖和雙腳為端點，正好外接一個正方形，這是大概在1487年，達文西按照古羅馬建築師維特魯威（Vitruvius）在他的著作《建築十書》第三冊，對人體比例和均衡的描述畫出來的，如圖1-10所示。

維特魯威認為人體的比例和均衡可作為建築物的比例和均衡的原則。達文西這張素描也往往被視為健美的男性身體的標準，按照素描裡圓形和正方形的大小，就可以精準地把健美的男性身材量化。達文西在這張素描底下的註解提到，雙手張開平伸的長度等於身高，從額頂髮根到下巴底的長度等於身高的1/10，換句話說，臉的長度等於身高的1/10；從頭頂到下巴底的長度等於身高的1/8，亦即頭的長度等於身高的1/8；兩肩最大的寬度是身高的1/4；從手肘到指尖的距離等於身高的1/4；從手肘到腋下的距離等於身高的1/8等。不但如此，從維特魯威人素描更推而廣之，我們發現人的身體各部分有許多比例都可以用黃金比例作為美的標準。

讓我們首先解釋什麼是黃金比例（Golden Ratio），黃金比例是一個數字，等於 $\frac{1+\sqrt{5}}{2}$ 也就是1.61803……，也就是 $x^2 - x - 1 = 0$ 這個二元一次方程式的一個根（這個方程式的另外一個

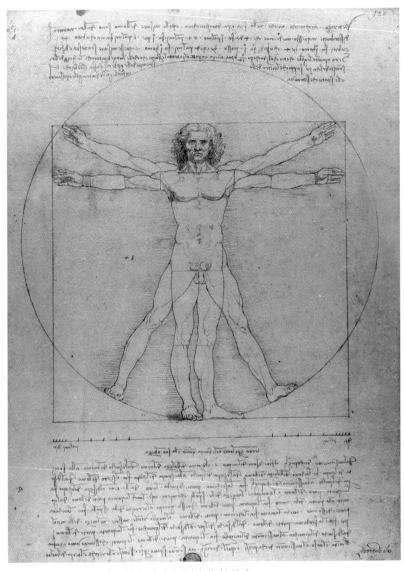

圖 1-10 達文西的〈維特魯威人〉引自維基共享by Luc Viatour

根是 $\dfrac{1-\sqrt{5}}{2}$ ）。

這個奇怪的數字是從哪裡來的呢？比方，有一個長方形，長的一邊的長度是 a，短的一邊的長度是 b，我們問，a 和 b 之間相對的大小關係是什麼，才能讓這個長方形看起來和諧、好看呢？怎樣算是和諧、好看，似乎是個主觀、模糊的觀念，不過，也許大家會同意，假如 a 遠比 b 大，這個長方形看起來扁扁的，就不算是和諧，假如 a 差不多和 b 一樣大，這個長方形看起來像個正方形，也不算是和諧，如果我們想像這個長方形代表一張畫的畫面，或者一幅肖像裡主要人物的面孔占的空間，或者是一座宮殿的正面長度和高度的比例，這個說法聽起來，倒似乎挺有道理。

該怎麼把這個和諧、好看的觀念量化呢？若從一個長邊是 a、短邊是 b 的長方形，畫一個長邊是 $a+b$、短邊是 a 的長方形，那就是用原來的長方形兩邊和做長邊，用原來長方形長邊做短邊，畫一個放大的版本，如果原來的長方形的長邊和短邊的比例和放大的長方形的長邊和短邊的比例是一樣的話，我們會說這個比例是一個和諧、好看的比例，也就是：

$$\frac{a}{b} = \frac{a+b}{a}$$

從這個方程式，我們可以解出 $\frac{a}{b} = \frac{1+\sqrt{5}}{2} = 1.61803$，或者

$$\frac{a}{b} = \frac{1-\sqrt{5}}{2} = -0.61803$$

而且延伸下去，從一個長邊是 $a+b$，短邊是 a 的長方形，我們可以同樣地放大畫一個長邊是 $2a+b$，短邊是 $a+b$ 的長方形，我們可以同樣地放大畫一個長邊是 $3a+2b$，短邊是 $2a+b$ 的長方形等，這些長方形的長邊和短邊的比例都是相等的，換句話說，而且這都等於黃金比例 1.61803……，這可不真的是和諧了嗎？

$$\frac{a}{b} = \frac{a+b}{a} = \frac{2a+b}{a+b} = \frac{3a+2b}{2a+b}$$

有了黃金比例，我們就可以用黃金比例作為量度人體的美的標準：身高和從肚臍到腳底的高度的比例等於黃金比例，指尖到肘的距離和從腕到肘的距離的比例等於黃金比例，從肚臍到膝的距離和從膝到腳底的距離的比例等於黃金比例。我們也可以用黃金比例作為人臉的美的標準，臉的長度和寬度的比例是黃金比例，一個最重要的例子就是在達文西的名畫〈蒙娜麗莎〉裡，蒙娜麗莎的臉的長度和寬度的比例的確是黃金比例，嘴唇到眉毛的距離和鼻子的長度的比例是黃金比例，嘴的長度和鼻子的寬度的比例是黃金比例。

　　黃金比例這個觀念更可以應用到繪圖、建築和平面設計（graphic design）上，例如古希臘的帕德嫩神殿（Parthenon），正面的長度和高度的比例是黃金比例。黃金比例這個觀念也可以推廣到黃金三角形和幾何圖形，他們的應用也可以在音樂、經濟學和許多自然現象裡觀察到。

　　在中國傳統裡也有用數字來量化美這個觀念的例子，「三庭五眼」，是大家比較常提到的標準，「三庭」就是在臉的正面，沿著髮根、眉毛、鼻子底下和下巴底下，畫四條平行線，美的標準就是這四條平行線把臉垂直地分成三等分，在達文西的〈維特魯威人〉素描裡，也有同樣的說法。「五眼」就是以通過雙眼的水平線為基準，自左到右，從左邊髮際邊沿到左眼外邊的眼角的距離，到左眼的寬度，到兩隻眼睛兩個內邊的眼角之間的距離，到右眼的寬度，到從右眼外邊的眼角到右邊髮際邊的距離，美的標準就是這正好把通過雙眼的水平線分成五等分。

　　大家也聽到九頭身作為美好身材標準的說法，那就是頭的長度等於身高的1/9，這也和達文西在〈維特魯威人〉的素描裡的說法相似。曾經有人拿目前有名的電影明星和模特兒的照片，按照三庭五眼的規格來檢視，倒真的是相當準確。

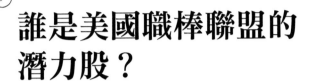

誰是美國職棒聯盟的潛力股？

　　大略談過這些觀念後，讓我在體育運動這個領域裡講些具體的例子，因為在體育運動裡，不但一個運動員或者一個隊伍的成就可以很精準地量化，贏就是贏，輸就是輸，得分多少就是多少，精神上的勝利和雖敗猶榮都只是阿Q式安慰話語而已，而且運動員或者隊伍的潛力和過去的表現，往往有很多相當詳細的數據，可供我們分析和參考。

　　首先，我們常常用運動員的體能作為他運動潛力的評估，體能往往是可以量化的，當然不同的運動有不同的體能要求，常用的例子就是所謂SPARQ的評分，S是「speed」，奔跑的速度；P是「power」，力量；A是「agility」，靈活；R是「reaction」，反應；Q是「quickness」，敏捷。除此以外，也包括持久的能力、平衡感、手和眼的協調等，至於這些不同的體能怎樣具體地衡量呢？通常衡量方法包括20碼、40碼衝刺短跑、舉重、跳遠、垂直跳高、前後移動、橫向移動等。舉例來

說，美國職業足球聯盟（National Football League, NFL）每年在選秀大會前，有一個全國性綜合測試大會，會邀請三百多個被認為最有潛力的運動員聚在一起一週，除了上述的體能測試之外，還有心理測試、面談等，為聯盟裡三十二個球隊選秀時參考之用，這個綜合測試大會已經實行了二十多年，成為頗具規模的傳統了。

正如上面所說，評估運動員潛力的另一個途徑，就是按照過去的表現來作預測，尤其是籃球、足球、棒球這些在美國深受球迷喜愛和支持的運動項目，在大學和小聯盟裡，比賽的規則和規模都和大聯盟差不多一致，因此都有充分的機會觀察運動員的表現。從這些紀錄的數據來預測運動員未來的表現，不但是順理成章，而且也是行之多年的事。不過到了近三十年，大家才開始深入廣泛地搜集、分析和應用這些數據，其中最重要的一個問題就是在這些數據裡，哪些數據和運動員未來的表現最有關聯性。

在舉棒球比賽的實例之前，讓我交代兩件事情，第一、已有專家指出，作為未來表現的預測，體能測試的結果，往往比不上過去表現的結果可靠[6]。第二、在深入瞭解一個運動員的紀錄之後，我們不但對他未來的成就可以有比較精準的預測，而且對他過去的貢獻也可以有比較精準的評估。

---

6. 有些美國大學的新生入學只看兩個指標，一是學術能力測驗（Scholastic Aptitude Test, SAT）的分數，另一個是高中畢業的排名。根據過去多年的經驗，學生進入大學後的表現，也真的是根據高中畢業的排名來預測比較可靠。

尋找明日之星——打擊手篇

在棒球比賽裡，一個球員攻擊能力的重要指標之一是安打（Hit），就是把球打出去，安全上壘。以美國職業棒球聯盟的大聯盟[7]單一球季打162場球來說，一個球員能夠有240次以上的安打就是非常出色了，目前歷史最高的紀錄是鈴木一朗保持的262次安打，一個球員能夠在大聯盟打十五到二十年，得到3000次以上安打的不到30個人，4000次以上的只有Pete Rose和Ty Cobb兩個人。可是在一場球賽，尤其是整個球季162場球賽裡，一個球員上場打擊次數是不同的，這與教練排列打擊順序有關，排列順序在前面的，在一場比賽裡可能會多一次打擊的機會，此外也和在比賽裡全隊上壘的情形有關，安打數除以打擊次數就是打擊率（Batting Average），通常30%的打擊率就是相當好了。

安打只是籠統地計算把球打出去的次數，清楚一點來區分，安打包括一壘安打single（把球打出去登上一壘）、二壘安打double（安全登上二壘）、三壘安打triple（安全登上三壘）、全壘打home run（安全返回本壘得分）。因此，一個比安打數精準的算法是「壘打數」（Total Bases），那就是（1×一壘安打數）＋（2×二壘安打數）＋（3×三壘安打數）＋（4×全壘打數），用壘打數來算，一季能夠打到400以上就非常不容易

---

7. 美國職業棒球聯盟統指美國職業棒球整個組織架構，其中分成大聯盟（Major League, MLB）和小聯盟（Minor League, MiLB），大聯盟又分成美國聯盟（American League）和國家聯盟（National League）。

了，歷史上最高的紀錄是Babe Ruth的457。壘打數除以打擊的次數，叫做「長打率」（Slugging Percentage），長打率能夠到50%就相當不錯，到80%就是登峰造極了。

從中可以看出，不同的統計數據是有不同含義的。在棒球比賽裡，得分靠打擊，因此安打數、打擊率、壘打數和長打率都可以說是重要的指標。但是「得分靠打擊」這句話，還是說得不夠周全，「得分靠上壘」才是比較周全的說法。打擊手除了安打之外，還有別的方法上壘，那就是四壞球保送（Base On Balls）和被投球觸身（Hit by a Pitch）。首先，保送和被投球觸身，不但和安打一樣讓打擊手上壘，而且也和安打一樣，讓當時已經在一壘，甚至在二、三壘上的隊友移壘前進。更何況在這個情形之下，隊友移壘前進，沒有在跑壘時被截殺的風險。有人會說保送和被投球觸身是投手技術不好，而不該是打擊手的功勞，這個說法並不盡然，好的打擊手有比較精準的判斷好球和壞球的能力，更何況面對好的打擊手，投手會特別小心甚至緊張，盡量想把球投到打擊區的邊緣和角落，也因此增加了投出壞球的機率。按照這些觀察，我們就用上壘率（On Base Percentage）來作為對打擊率的微調。上壘率把安打、保送和被投球觸身的次數加起來作為分子，把安打、保送、投球觸身和犧牲打的次數加起來作為分母，紀錄裡一季最高的上壘率

是60%，能夠到達50%就已經是出類拔萃了，按照公式來算，在絕大多數的情形之下，一個球員的上壘率往往大於他的打擊率，有興趣的讀者不妨動手去把兩個公式比對一下就瞭解了[8]。

不要小看四壞球保送這一回事，我們上面說過以單季的紀錄來算，安打數在240以上就已經是非常傑出的了，但是同時四壞球保送的數目，一季最高的紀錄都在100以上，一個有趣的數據是Barry Bonds在2004年被保送共232次，那是歷史上最高的紀錄，同一年他的安打數是210次。2004年被可以說是他二十一年大聯盟生涯中，表現最亮麗的一年，他敲出45支全壘打，也是國家聯盟的MVP。

講到這裡，我相信許多以前不常看棒球的讀者也看出頭緒來了，因此，問題是，既然上壘率是打擊率的微調，那麼把上壘率和長打率加起來，是不是也兼顧了打擊手長打的能力呢？是的，這個數目就叫做「上壘加長打率」，又稱「整體攻擊指數」（On-base Plus Slugging, OPS），專家把這個數目分成四等，90%以上是傑出，83%以上是不錯，70~76%是平均，56%以下就是爛透了。

上面講的指標，重點是球員打擊和保送的數據，當然這些數據除了呈現他自己上壘，以及接下來得分的機會之外，也包括了幫助已經上壘的隊友得分的機會。另一個重要的指標就是

8. 有些讀者會注意到一個小節，為什麼犧牲打的數目要加在計算上壘率的分母裡，因為按照規則，打擊數是不包括犧牲打的數目在內的。

打點（Runs Batted In, RBI），那是打擊手讓已經上壘的隊友返回本壘得分的數目[9]。有人指出打點除了和打擊手本身的打擊能力有關之外，也和他的棒次，以及在他棒次前面的隊友打擊力有相當密切的關係，通常打擊順序排第一、第二的是打擊率高，也就是上壘機會高的打擊手，第三、第四的是長打率高，也因此會是打點高的打擊手。更重要的是，第一輪打擊之後，排在第一、第二的打擊手前面的是前一輪的第八、第九棒，通常是打擊率相當低的打擊手，因此他們對棒次第一、第二的打點，助力也比較小。按照這個觀察而調整的指標是得分總數（Runs Produced），意思是運動員製造出來的分數，計算的公式是得分的數目加上打點的數目減去全壘打的數目，得分的數目反映了打擊的能力和隊友幫助他得分的能力，打點的數目反映了他幫助隊友得分的能力，減去全壘打的數目則是因為一支全壘打重複列入得分的數目和打點的數目裡。

從進攻的觀點來看，盜壘（Steal）成功的次數和成功率也是重要的指標。首先，盜壘成功就是不靠隊友打擊的助力而前進，但是反過來，盜壘失敗也可能是消耗了一個可能得分的機會，盜壘成功的次數多，當然表示球員有好的判斷力和跑壘的速度，至於盜壘成功率，就是盜壘成功的次數除以盜壘成功的次數，再加上盜壘失敗的次數，最好的盜壘成功率在80%以上。

---

9. 當我講一個指標的時候，只把主要觀念講給大家聽，許多定義上的細節，例如按照規則，滿壘的時候四壞球保送得分，也算是一個打點等，就必須去看法規的原文了。

尋找明日之星——投手篇

　　至於投手的能力和成就，有哪些評估的指標呢？當然大家都知道在棒球比賽裡，輸球、贏球的帳都算在投手身上，美國職業棒球聯盟在過去一百多年以來，出色投手的標準從一季贏30場球，降低到25場球，再降低到20場球，甚至2006年和2009年兩個球季，整個大聯盟裡，沒有一個投手有贏20場球的紀錄。旅美投手王建民在2006年和2007年兩年都是紐約洋基隊（New York Yankees）最多勝投的投手，2006年19勝6敗，2007年19勝7敗，都是當年大聯盟裡頂尖的表現。但是一場球賽往往有幾個投手，包括先發、救援和終結投手，一場球的輸贏，誰是責任投手，有相當複雜的計算方法，更常常有輸得冤枉、贏得僥倖的情形，因此大家也逐漸認為用投手輸贏的紀錄作為他表現的最重要指標，是有討論空間的。舉例來說，大聯盟裡，每年經由投票在每個聯盟選出一位最傑出的投手，頒發賽揚獎（Cy Young Award）[10]，2010年美國聯盟賽揚獎得主的紀錄只是13勝12敗，這雖然是比較特殊的例子，也可見不能用輸贏的場數作為唯一的指標，以偏概全。

　　評估投手的能力和成就也有其他的指標，一是三振的數目，如果投手能夠把打擊手三振出局，那就的確是無驚無險，因為不但打擊手上不了壘，也消除了球被擊出去時隊友防守失

---

10. 賽揚是 MLB 中一位非常出色的投手，他在大聯盟二十一年的生涯裡（1890-1911），建立了許多至今尚未被打破的紀錄，其中一項是勝場511場（第二名是417場，第三名是373場）。賽揚獎是他1955年去世之後建立的，現在每年頒給美聯和國聯裡最出色的投手。

誤的可能。因為在一場球賽中，一個先發投手通常不會投完九局，所以把一個先發投手三振的數目除以一共投的局數，再乘上9，就是如果他投完九局後三振的數目，如果這個數目是10，就相當不得了，8以上的，在美國職業棒球歷史裡，也只有三十幾個人而已。

另一個重要的指標是責任失分，責任失分的意思是：不是因為防守錯誤而失的分，這些失分的責任就完全算在投手身上了。同樣，責任失分平均數（Earned Run Average）就是把一個投手的責任失分除以他所投的局數，乘上9。假如我們去看統計數字，責任失分平均數最低的多半是救援投手（Relief Pitcher），特別是終結投手（Closer），不但是因為他們在牛棚養精蓄銳，而且他們要投球的次數不太多，先發投手不但要投五、六局以上，而且他們被換下來往往是因為疲倦或者其他原因開始失分了。

還有一個最直接衡量投手投球功力的指標，就是每局被擊出的安打和保送的數目（Walks plus Hits per Inning Pitched, WHIP），也就是他讓攻擊方上壘的球員數目，這和責任失分意思相似，但是有兩個不同的地方，一個是攻擊方上了壘的球員，不一定會得分；還有一個比較微妙的不同是，如果攻擊方有球員上了壘，兩人出局之後，因為防守錯誤，球局沒有結

束，那麼這些上了壘的球員，剩下來在這一局得的分，不算入投手的責任失分內，歷史上最佳投手的WHIP的數目只比1多一點點。

對一個先發投手，優質先發（Quality Start）是另一個近年來被提出的指標，定義是不管輸贏的結果，先發投手能夠最低限度投完六局，最多只有三分責任失分，就算是一場優質先發。優質先發的百分比先發的場數除以優質先發的場數，在一個投手的職業生涯裡，能夠到達65%以上，就是非常出色了。前面提過以13勝12敗在2010年獲得賽揚獎的投手Felix Hernandez，他的優質先發百分比是66.8%。不過話又說回來，到目前為止，他的職業生涯裡只有190場先發，和最傑出的老前輩Tom Seaver有647場先發、優質先發百分比是70.2%的紀錄相比，還是有不如的地方。

量化指標與MVP

講了這許多，目的是指出一個運動員，或是推而廣之，任何一個專業人士的能力和成就，可以用不同的量化指標來衡量。從上述例子可看到，有些指標比較全面，有些指標比較片面，有些指標切題深入，有些指標無關宏旨，不過在許多情形之下，只看單一指標的數據結果，難免就像瞎子摸象，因此最

重要的是如何把不同的統計結果綜合起來，作出判斷和結論，甚至是難以量化的判斷和結論，例如美麗、有價值等，那才是真正使用數據統計的目的。比方，2012年大聯盟裡的美國聯盟產生了四十五年來第一個三冠王——老虎隊的Miguel Cabrera，他的44支全壘打、打擊率0.330和打點139，都居美國聯盟的首位，很明顯地，在打擊方面有非常傑出的表現，但是他該不該是2012年美國聯盟最有價值球員MVP呢？對此大家就有不同的意見了，這三個指標是不是足以衡量一個球員對整個球隊輸贏紀錄的貢獻呢？也就是說，這三個指標和球隊輸贏紀錄的關聯性如何呢？這可不是個容易回答的問題。更進一步，如果要付出高薪留住他，他在全隊裡的重要性又是如何呢？這就是除了數據以外，還得加上主觀的經驗和直覺判斷了。

《魔球》的啟示：
打破慣性，締造傳奇

讓我為大家講一個故事，這個故事有真實的背景，後來被寫成一本小說和拍成一部電影，小說和電影的英文名字都叫做《*Moneyball*》，電影的中文名字是《魔球》，我要講的是一個混合版本。

載浮載沉的球員比恩

這個故事的主角叫做比恩（Billy Beane），1980 年他從高中畢業，在職業棒球球探的眼中，他是一個能打、能投、能跑、能防守、極有才華的棒球員。在當年的選秀大會上，紐約大都會隊（New York Mets）在第一輪就選上他了。當時史丹佛大學也給了他運動獎學金，並且同意讓他同時參加棒球和足球的校隊，經過一陣猶豫，他決定放棄史丹佛大學的機會，到屬於大都會隊的小聯盟球隊報到。

一開始，他在小聯盟的表現只是平平，第一年打擊率是

0.210，不過還能夠在小聯盟按照技術做區分的等級裡，按部就班地往上爬升，雖然和他同時的幾個球員已經在大聯盟嶄露頭角了。比恩在小聯盟默默地待了四年之後，1984年的季末（也就是整個球季輸贏大勢已定的時分），才有機會到大聯盟打了五場球，他的打擊率是0.100。1985年他回到小聯盟，表現還相當不錯，到了季末，可以說是意思意思地再上到大聯盟，打了八場球，有兩次安打，一個打點。比恩前後在小聯盟打了六年球，大都會隊對他失去了耐心，就把他交易送到明尼蘇達的雙城隊（Minnesota Twins），他在雙城隊的大小聯盟隊裡漂泊了兩年，又被交易到底特律的老虎隊（Detroit Tigers），一個球季只打了六場球，就被釋放為自由球員（Free Agent）。奧克蘭運動家隊（Oakland Athletics）和他簽了約，但是在1989年球季，比恩還是沒有辦法在大聯盟裡站穩腳，他已經二十八歲了，就決定結束職業棒球員的生涯。

他告訴奧克蘭運動家隊當時的總經理愛德森（Sandy Alderson），說他想留在運動家隊擔任先行球探的工作。先行球探的任務是先鋒部隊，要先去觀察即將對陣者的強項和弱點，愛德森對他要放棄在大聯盟打球的機會有點不解，雖然那只是一息尚存的機會，但也是多少人夢寐以求的機會，不過愛德森還是讓比恩留下來當先行球探，他認為反正先行球探沒有什麼

太大的影響。

　　職業運動裡競爭之劇烈是眾所周知的，能夠在大聯盟占上一個席位，真是所謂百中選一、千中選一。即使如此，十年前經過球場上的再三觀察、體能上的反覆測試，比恩都被球探們公認是最有潛力的球員，可是整整十年裡，他不是沒有機會，可是始終沒有辦法脫穎而出，不知不覺中，自然會讓他對傳統評估球員的方法有所懷疑。

　　先補充一下美國職業棒球隊的架構：一支球隊就像一家企業一樣，由一位或者幾位出錢的大老闆擁有，賺錢、花錢都是大老闆的事，錢以外的事有些大老闆管得很多，也有些大老闆管得很少；大老闆底下是總經理，總經理上承大老闆之命，管理屬於大聯盟和小聯盟的球隊，當然這裡頭最重要的一個人，就是大聯盟球隊的總教練，球隊輸贏的責任就放在總教練身上。

　　換句話說，老闆就是皇帝、董事長，總經理就是宰相、CEO，總教練就是領兵打仗的將軍、負責生產的廠長。這其中最重要的關鍵，就是球員的人事權掌握在總經理的手上。原則上，不但包括球隊裡的四十個正規球員，也包括下面上千個在小聯盟的球員。每個職業球員透過他的經紀人和球隊簽合約，這個合約包括薪水和期限，光是合約的內容就變化多端，薪水可以逐年改變，而且可以有各式各樣和球場上的表現掛勾的獎

金，例如一個打擊手的打擊率、一個投手的先發次數等；合約也可以隨時調整，例如基於球員優異的表現，在合約期滿以前，延長合約的期限，再加上球員在某些時間點，只能和他所屬的球隊討價還價，談不攏，有仲裁的機制，可是在某些時間點可以取得自由球員的身分，可以同時和幾個球隊談合約，那就是幾個球隊競爭的局面了。還有，在選秀的時候，選哪些球員、條件怎樣談，以及球隊之間可以相互交換彼此已經簽有合約的球員，都是總經理的權責。其實，許多複雜的問題，關鍵只在兩個字上面：「錢」和「人」，「錢」是大老闆給的總預算，「人」是能夠幫助球隊贏球的球員，「錢」的多少是一目瞭然的，「人」的才能評估和預測就是不容易回答的問題了。

總經理的新思維

讓我回到比恩的故事，1990 年他結束了職業球員的生涯，在總經理愛德森手下當先行球探，三年之後被升為助理總經理，負責評估小聯盟球員的工作。愛德森算是職業棒球隊裡一個異類的總經理，大多數的總經理都是從球員、教練或者球探出身，可是愛德森是長春藤大學出身的律師，他先是運動家隊的法務長，1983 年當上了總經理，對高度專業的機構來說，找一個完全外行的總經理是不常有的事[11]。

---

11. 比方，IBM 資訊科技公司是有一百多年歷史的跨國大公司，1993 年當 IBM 面臨產業轉變危機時，選用了一位只有旅遊業和食品業工作經驗的人郭士納（Louis V. Gerstner, Jr.）當總經理，他在十年內成功把 IBM 從以電腦硬體為主的公司轉變為以資訊服務為主的公司。他的名言、同時也是回憶錄的書名《誰說大象不會跳舞？》

　　愛德森剛開始當總經理的時候，一來是新手上路，二來是當時的總教練是一個老資格、強勢、又有大聯盟球員經驗的教練，加上大老闆把球隊看成社會公益活動的一部分，所以對經費預算很大方，因此愛德森蕭規曹隨地沒有做很大的改變，可是到了1995年，新的大老闆來了，總教練也換了人，新老闆是個不折不扣的生意人，講明了要緊縮預算，因此如何發掘別人眼中看不出來的才華，是特別重要的挑戰。

　　舉例來說，在選拔新秀的時候，熱門的新秀自然會要求高額的薪水，冷門的新秀卻擔心連選都選不上，如果有足夠的統計資訊來評估新秀的潛力，就可以捨棄高薪的熱門新秀而選擇低薪的冷門新秀了。愛德森把注意力集中在使用統計數據來作為評估和預測的工具，比恩一路追隨他。到了1997年，愛德森離開運動家隊，比恩就當上了總經理。

　　故事裡還有一個重要的人物保羅，電影裡他是個戴著深度眼鏡的胖子，典型的電腦怪咖，但是在真實的人生裡，他的名字是迪波德斯塔（Paul DePodesta），身材高瘦，1995年他在哈佛大學獲得經濟學學位，在校期間也參加棒球和足球校隊，大學畢業之後，他在大聯盟的克利夫蘭印地安人隊（Cleveland Indians）工作了三年，先是當先行球探，後來當總教練的特助，1999年到了運動家隊做比恩的特助，也就是比恩的智囊，

（*Who says elephants can't dance?*），在當時要把IBM拆散成若干獨立小單位的聲浪裡，他力排眾議，把公司整合成一家提供資訊服務全方位解決方案（total solution）的公司，他的成功故事至今還為人津津樂道。

幫助他用統計數據來做選秀、簽約和交換球員的決定，2004年他才三十一歲就被洛杉磯道奇隊（Los Angeles Dodgers）聘任為總經理，是大聯盟裡有史以來第五個最年輕的總經理。

1997年10月比恩當上總經理的位置，1997年和1998年兩個球季，運動家隊表現都不好，在美國聯盟西區季末的排名都是第四。其中有個有趣的小故事：1997年，運動家隊把在隊上有十年經驗的老將麥奎爾（Mark McGwire）交易送到聖路易城的紅雀隊，麥奎爾是個強力的打擊手，1997那一年一共打擊出58支全壘打，居整個大聯盟的首位，可是他既不是美國聯盟的全壘打打擊王，也不是國家聯盟的全壘打打擊王，因為他在運動家隊打了34支全壘打，那是在美國聯盟，而在紅雀隊打了24支全壘打，那是在國家聯盟，兩個聯盟是分開計算的。次年麥奎爾在紅雀隊打了70支全壘打，打破了三十七年以來馬立斯（Roger Maris）所創的一季61支全壘打的紀錄。

1999年運動家隊有了起色，在美國聯盟西區季末排名第二，也是1992年來第一次贏輸的比例超過50%，2000年和2001年，運動家隊都是美國聯盟西區季末的第一名，這兩年隊上有幾個最重要的球員，包括一壘手吉昂比（Jason Giambi），他是2000年美國聯盟的MVP，五次入選為明星球員，四次在保送上壘次數、三次在上壘率、一次在長打率在美國聯盟排名第

一；內野手泰雅達（Miguel Tejada），他在2000年和2001年，每年都打擊出30支以上的全壘打；終結投手伊斯林豪森（Jason Isringhausen），在這兩年裡他的責任失分2000年是3.78，2001年是2.65，他的每局平均被擊出的安打和保送數目：2000年是1.435，2001年是1.079，都是相當低的數字；投手齊托（Barry Zito），他在2000年登上大聯盟，7勝4敗，2001年17勝8敗；和外野手戴蒙（Johnny Damon），他剛在2001年從堪薩斯皇家隊（Kansas City Royals）交易換來，他是2000年皇家隊的年度最佳球員。

雖然球隊在相對來說非常緊縮的預算之下，有很不錯的成績，比恩對手下球探的表現，還是相當不滿意，他說：「我們目前的態度是只要在每季選來的50個新秀裡，有幾個能夠上得了大聯盟，就沾沾自喜了，這和閉上眼擲骰子有什麼兩樣。」[12]

運動家隊在1997年選的43名新秀裡，有7個打上大聯盟；1998年選的43個新秀裡，有8個打上大聯盟；在1999年選的45個新秀裡，有4個打上了大聯盟；在2000年選的45個新秀裡，有6個打上了大聯盟。平心而論，以運動家隊1997年到2000年的選秀結果來看，每年選出來接近50個新秀裡，有6個到8個打上大聯盟。更值得一提的是1997年以第九順位被選上的哈德森（Tim Hudson），1998年以第一順位被選上的穆德（Mark

---

12. 美國職業棒球選秀的步驟是30隊大約選50輪，換句話說，每年大約共有1500個業餘球員被選上，很粗略的估計是，平均10個被選上的新秀裡，只有一個有上大聯盟打一天的機會，100個裡只有一個能夠在大聯盟站穩腳步，相對來說，職業籃球只選2輪，職業美式足球只選7輪。

Mulder）和1999年以第一順位被選上的齊托（Barry Zito），這三個投手在2000年到2004年的表現，被認為是大聯盟多年以來，甚至有史以來最堅強的「鐵三角」投手組合。

但是以高順位來搶大家公認的潛力新秀並不容易，因此當輪流選秀的次序排在別的球隊後面，或者預算比較少，不能用高簽約金和其他球隊較勁的時候，就必須出奇制勝，發掘大家看走了眼、但有才華的球員了。

來自電腦怪咖的分析

2001年夏天，職業棒球選秀大會上，運動家隊第一輪的第一個機會是順位25，這個順位和球隊在2000年的成績有直接關係，運動家隊在2000年獲得美國聯盟西區的第一名，因此選秀的順位就落到後面去了。到了順位25，許多大家公認的熱門球員已經被別的球隊選走了，例如那一年選秀大會上順位1、2、5被選中的球員，後來都站上了明星賽球員的行列，運動家隊選了一個內野手，他後來在大聯盟也有平穩的表現，接下來運動家隊因為和別的球隊交易的結果，換到第一輪的順位26，球探總監自作主張付出高薪，選了一個高中剛畢業的投手，這可把比恩惹火了，按照統計數據，高中畢業投手登上大聯盟的機會是在大學球隊磨練過投手的1/2，是在大學球隊磨練過的其他位

置的球員的1/4，按照書上的描寫，比恩一氣之下，拿起椅子往牆上砸出一個大洞，這位球探總監在季末後就離開了運動家隊。

　　其實電腦怪咖保羅按照數據分析的結果，給球探們提供了幾個名字，但球探們都沒有理會，其中有一個叫做尤克里斯（Kevin Youkilis）的球員，球探嫌他又胖又笨重，跑得不夠快，可是保羅指出他的上壘率很高，波士頓紅襪隊在順位243選中了他，他後來三次入選明星隊，在打擊、防守兩方面都曾經獲得大聯盟的獎項。總括來說，運動家隊2001年選秀的結果，頂多是平平而已，其中沒有一個未來的明星球員。

　　2002年的選秀大會，是比恩和運動家隊特別關鍵的重要時刻，2001年隊裡三個最重要的球員：一壘手吉昂比、外野手戴蒙和終結投手伊斯林豪森都被別的球隊高薪挖走了。但也因此這些球隊得把他們在選秀中第一輪的機會，轉讓給運動家隊作為補償，因此運動家隊在第一輪共有七個選擇的機會，如何善用這七個難得的機會，是很重要的挑戰，同時比恩也請了一個新的球探總監，他從柏克萊畢業，連在高中打籃球的經驗也沒有，比恩認為他因此沒有受到傳統思路的不良影響，這一次選秀大會，也可以說明顯地反映了比恩自己的經驗，和他受到使用統計數據來評估球員的思路影響，因而跳脫了許多傳統的看法和做法。

　　對一個球探們極力推薦、身材完美、體能出色的球員，比恩往往認為不值一顧，因為他看到的也許是二十年以前的自己，在這一次選秀選出的前28個球員裡，25個有在大學打棒球的經驗。

　　正如上面講過，按照統計數據，曾有大學棒球經驗的球員的成功率比較高。話說回來，運動家隊選的第一個球員是一個外野手，他是球探們和電腦一致的選擇，後來也的確在大聯盟有傑出的表現；接下來選的是一個投手，後來也登上了大聯盟；比恩又按照統計數據的結論，選了一個上壘率好、打擊率好、保送上壘多、三振出局少的三壘手，後來也證明是對的選擇；他也用同樣的理由，在第一輪選了一個球探們認為胖得走不動的捕手，他剛到小聯盟的時候，表現非常出色，可是後來始終沒有出人頭地。

　　回過頭來看，在2002年，運動家隊當時選中的51個新秀裡，先後有14個登上了大聯盟，這可說是不錯、但算不上令人側目的數據。其實，我們無法用一個球隊在一個球季選出來的新秀的表現，來斷言使用統計數據來做評估的效能，重點是在這個超過一百五十年傳統的棒球運動裡，統計數據的使用已逐漸匯入了。

用統計數據締造20連勝

　　接下來，讓我講講運動家隊在2002年球季的故事，當然這和上面講的2002年挑選新秀幾乎全然無關。在職業棒球聯盟裡，新秀平均得在小聯盟打上三、四年才有機會上大聯盟，快的也要一、兩年。講到運動家隊2002年球季的表現，我們得回到上面講的，世界上許多事情都離不開「人」和「錢」兩個字，職業棒球不但不是例外，而且這兩個因素的效應是很顯著的。

　　運動家隊共有25個球員，比恩手上薪水的總預算是四千萬美元，有些球隊的總預算差不多是這個數字的三倍。我在前面講過，運動家隊在2000年和2001年都是美國聯盟西區的第一名，可是在2001年季末，隊上三個最重要的球員被別隊高薪挖走了。另一個例子是2000年至2004年運動家隊三個被稱為「鐵三角」的投手，他們分別是1997、1998和1999年被選中的新秀，按照職業棒球聯盟的規則，一個球隊擁有一個新秀在小聯盟前七年，在大聯盟前六年的權利，因此可以付給他們相當低的薪水，等到他們變成自由球員，價碼就完全不一樣了，例如在1999年被選中的齊托，運動家隊在2000年付他二十萬，2001年付他二十四萬，2002年付他五十萬美元的薪水，在這段時期，他不但是明星賽球員，還得過賽揚獎，等到2007年，他

變成自由球員，和舊金山巨人隊簽了七年一億二千六百萬美元的合約，在當時那是一個投手空前的薪水，這也說明在選秀時選對人的重要。手上的錢不多，比恩就根據統計數據的指引，發掘一些被別人忽略或者輕視的、有才華的球員，可是到了後來，沒有錢就留不住他們了。

洋基隊有一位在大聯盟打了十二年、已經明顯走下坡的老將賈斯蒂斯（David Justice），運動家隊在2002年把他交易過來，打出精采的一年。在芝加哥白襪隊有七年歷史，尤其是在2000年至2002年有傑出表現的多倫（Ray Durham），在2002年季末交易期截止以前，被交易到運動家隊，幫助運動家隊打入季末賽，可是第二年運動家隊根本出不起高薪把他留下來，他就和舊金山巨人隊簽了二千萬美元的三年合約，其實，精明的比恩早就預料到這個事情會發生，只是想短期「租用」多倫一小段時間而已。

哈提伯（Scott Hatteberg）在波士頓紅襪隊有六年當捕手的經驗，因為手肘神經受傷，以為他的職業生涯要宣告結束了，比恩因為他有很高的上壘率和他簽了一年合約，把他改成一壘手，按照統計數據，哈提伯很會小心選球，不輕易揮棒，他打擊時對投手投的第一個球不揮棒的百分率是美國聯盟最高的，整體不揮棒的百分率64.5%，在美國聯盟排名第三，要曉得這

不但是不輕易對壞球揮棒，也對投手造成心理上的壓力。

2002年，運動家隊以103勝59敗的紀錄，獲得美國聯盟西區的冠軍，可是在季後賽中第一輪，就以2比3之差，輸給了明尼蘇達的雙子城隊。不過這一年運動家隊最激動人心的是在美國聯盟歷史裡最高的20場連勝紀錄，2002年9月4日，運動家隊和堪薩斯城皇家隊對決，運動家隊已經連贏19場了，一上來三局，運動家隊得6分、1分、4分，以11比0領先，皇家隊追了5分，再追5分，第九局上半局又得1分，打成平手，第九局下半局，選球好手哈提伯代打，第一個球是壞球，接下來，他打出一個空壘的全壘打，締造了20場連勝的新紀錄，奧克蘭全城都瘋狂了。

十年之後，比恩還是運動家的總經理，他的合約已經延長到2019年，這十年來，運動家隊的表現可是說是平平，不過，在職業棒球界裡，用統計數據作為評估的工具，已經逐漸吸引了許多追隨者了。

講到這裡，讓我跳出體育運動這個領域，打一個岔，當我們評估一所大學的學術地位和教育功能的時候，我們要計算教授們發表了多少篇SCI論文，得了多少世界級獎項，獲得了多少研究經費補助，還要算教授的數目和學術出身、學生的數目和入學標準、校友們的捐款、在企業界的風評等，最後算出來

的是一個全球前五百大學排名的次序。

　　還有，選取諸如國中會考成績、社會服務、生涯規劃、獎懲紀錄、體能健康等作為指標，算出來一個比序的分數，作為一個學生入學的門檻。用意都是和體育運動裡，用短碼衝速的時間、安打的數目來評估運動員的潛力和成就相似，可是這些指標還需要一些時日來證明它們的準確和適用程度。

科技時代的壓縮邏輯

　　從遠古時代開始，文字的發明讓我們可以儲存語言的資料；照相機發明於1820年左右，讓我們可以儲存圖像的資料；愛迪生於1877年發明留聲機，讓我們可以儲存聲音的資料；電影發明於1895年，讓我們可以儲存動畫的資料。有了電腦之後，文字、語言、圖像、聲音、動畫的資料都可以用0和1來表達，也就可以由電腦來處理，用記憶體來儲存，並且透過網路來傳送。當用0和1以某一個形式來表達資料時，資料壓縮就是指能否找到另一個形式，以較少的0和1來表達。資料壓縮是一項重要的技術，可以減少儲存空間和傳送的時間。

　　資料壓縮的技術可以分成兩大類：無失真壓縮（Lossless Compression）與失真壓縮（Lossy Compression）。無失真壓縮減少使用0和1的數目，但原來的資料仍保持完整無缺，原因是原始資料的表達形式不見得是最有效率的，因此可以有改進的空間；而失真壓縮減少了更多0和1的數目，並造成一部分原始資料消失了，如果消失的部分不是那麼重要的話，為了讓資料

量變得更小，倒也是一個值得的代價。

先來看幾個資料壓縮的例子：從十九世紀電報的發明開始，工程師已經訂定了一個規格，用由5個0和1的組合來表示英文裡的字母a、b、c、d……。5個0和1可以產生32個不同的組合，對26個英文字母已足夠了，但是為了區分大寫和小寫，再加上標點符號等，所以在1960年代訂定了至今大家仍相當熟悉的ASCII規格（American Standard Code和Information Interchange的縮寫），使用由7個0和1的組合來表示英文字母和標點符號。7個0和1有128個不同的組合，已足夠大小寫及標點符號的需求了。

因此，一篇有1000個字母和標點符號的文件就要用7000個0和1來表達，這些0和1的資料有沒有不失真壓縮的可能呢？答案是可能的，語言學家分析過26個字母在英文裡使用的頻率，e是最常用的字母，頻率是12%，其次是t的9%，a是8%，接下來是o、i、n；在另一個極端，z是用得最少，0.07%，q是0.09%，x是0.1%，如果我們不硬性地用一連串7個0和1來代表每一個字母，可以用比較少的0和1，例如一連串5個或者6個0和1來代表比較常用的字母，用比較多的0和1，例如一連串8個或者9個0和1來代表比較不常用的字母，那麼平均下來可能不必用到7000個0和1，就能達到壓縮的目的了。

　　如果我們硬性地用一連串7個0和1來代表每一個字母，那麼當我們接收到轉送過來的0和1的時候，只要把每7個0和1切開來就對了，如果不同的字母用不同數目的0和1來代表的時候，應該怎樣把傳送過來的0和1正確地切開來呢？還有常用的字母用比較少的0和1，不常用的字母用比較多的0和1來表達，「常用」和「不常用」，「比較多」和「比較少」這些觀念都可以精準地量化，在資訊科學裡「霍夫曼樹」（Huffman Tree）的方法就同時回答了這兩個問題。

　　在十九世紀，電報通訊技術發明的時候，英文字母是用一連串短的點「•（dot）」和長的劃「—（dash）」來代表的，例如e用點「•」來代表，i用點點「••」來代表，a用點劃「•—」來代表，g用劃劃點劃「——•—」來代表，也符合了常用的字母用比較短的訊號來代表的觀念。

　　這個例子也指出資料壓縮裡一個重要的觀念，那就是壓縮的效率和資料的內容有關，當我們傳送一份用英文寫的文件的時候，上面講的壓縮方法是相當有效的，但是如果傳送的是一份閩南語羅馬字拼音的文件，那麼a、b、c、d、e……的使用頻率可能和英文不同，上面講的壓縮方法，效率可能不會那麼高，甚至可能適得其反，增加了一共要使用0和1的數目了。

　　第二個我要講的例子，使用相似的觀念，那就是常用的字

和詞彙用比較精簡的形式來表達以達到資料壓縮的目的。用過微軟視窗作業系統的讀者，都知道winzip是常用的資料壓縮的工具，winzip和其他壓縮工具的基本觀念是，每一個文件都會有用得比較多的字和詞彙，譬如說一份有關股票市場的報告，「買超」、「賣超」、「漲停板」、「跌停板」這些詞會重複出現，一份有關能源的報告，「節能」、「減碳」、「替代能源」這些詞會重複出現，所以如果對每一份文件，先製作一本字典，這本字典有幾千個在這份文件裡出現得比較多的字和詞，這些字和詞有一個相對的數字代號，當字典裡的一個詞在文件裡出現的時候，例如「漲停板」，我們不必把「漲停板」三個字傳送出去，而且它在字典中的數字代號，譬如說「168」傳送出去就可以了，這也是不失真的資料壓縮。

其中有幾個重要技術問題，第一、在傳送那一端怎樣把這部字典建立起來，要不要先把整個文件先瀏覽一遍？答案是不需要，這部字典可以邊傳送邊建立。第二、要不要把在傳送端建立起來的字典單獨傳送到接收端？答案也是不需要的，因為這部字典可以在接收端邊接收邊建立。第三、這部字典可以在傳送的過程裡動態更新。有興趣的讀者可以去看看一個叫做Lempel-Ziv的壓縮算法，那是這些觀念的理論基礎。當然根據這些觀念製作出來資料壓縮軟體，有很多聰明、巧妙的細節以

達到更迅速和有效的目的。

第三個資料壓縮的方法叫做「連續長度編碼法」（Run-Length Encoding），譬如說我們要傳送一連串的011100001，可以直接把011100001傳送出去，也可以傳送0（3個1）（4個0）1，不直接傳送111而傳送（3個1），不直接傳送0000而傳送（4個0），可能是多費了力氣增加要傳送的0和1，但是如果我們要傳0（15個1）（32個0）（89個1），那就比直接傳送0111111……來得有效率了。當我們存送一張圖像的時候，會用0來代表白色，1代表黑色，如果圖裡有一大片白色的空白或者一大片黑色背景的時候，那就是一長串的0和一長串的1，那麼連續長度編碼就是有效的資料壓縮方法了。

第四個壓縮方法叫做「差額編碼」（Delta Encoding），例如我們要把班上學生考試的成績記錄下來，可以寫97、93、95、86……，但也可以寫97、－4、＋2、－9，表示第一個學生成績是97，第二個學生的成績是第一個學生的成績－4等於93，第三個學生的成績是第二個學生的成績＋2等於95，因為學生的成績彼此之間往往相差不大，差額編碼可以有助於資料的壓縮。當我們傳送動畫裡一連串的畫面的時候，例如電影一秒鐘有大約三十張畫面，所以兩張畫面之間的差異是很少的，因此可以傳送第一張畫面，然後傳送第二張畫面和第一張畫面之間

的差異，第三張畫面和第二張畫面之間的差異，就可以把第二張畫面從第一張畫面還原，第三張畫面從第二張畫面還原，也就達到資料壓縮的目的了。

最後，讓我舉一個失真資料壓縮的例子：音樂裡有不同頻率的聲音，如果某一個頻率的聲音強度很大，另一個頻率的聲音強度很小，即使把這個強度小的頻率拿掉，但我們的耳朵是分辨不出來的，使用MP3的形式來儲存和傳送的音樂，就是根據這原理來做資料壓縮，不過這些被拿掉的頻率就無法再還原了。

在文學裡，也有許多資料壓縮的例子：正體字和相對的簡體字，可以看成資料壓縮的例子，灰塵的「塵」，簡體字寫成「小」字下面一個「土」字（尘），既減少了筆劃，小的土還是塵的意思，太陽的「陽」字，簡體字是耳朵旁加一個日字（阳），都可以說是不失真的壓縮例子，至於把乾燥的「乾」、能幹的「幹」和干戈的「干」都寫成「干」字，那就是失真的壓縮了。

有人看過《三國演義》、《西遊記》原著，也有人只看過連環畫版，連環畫是原著失真的壓縮版；被稱為中國文學四大奇書的《金瓶梅》，多年來在市面上流通的版本都把原著裡被認為不符合社會道德標準的段落刪掉，這就是所謂「潔本」，清潔的版本，在潔本裡很多地方就有「括弧以下刪去三五二字」

這種註解，至於潔本是原本的不失真壓縮版還是失真壓縮版呢？那倒是見仁見智了。中國有名的小說家賈平凹1993年出版的小說《廢都》裡也和潔本《金瓶梅》相似，有許多「括弧以下刪去三五二字」這種註解。

唐朝詩人王之渙有一首題目是〈出塞〉的七言絕句：

黃河遠上白雲間，一片孤城萬仞山。
羌笛何須怨楊柳，春風不度玉門關。

據說乾隆皇帝有一次吩咐手下的一位大臣把這首詩寫在扇面上，這位大臣不小心把「黃河遠上白雲間」這一句裡的「間」字寫漏掉了，二十八個字的詩被壓縮成二十七個字，皇帝正要發怒的時候，這位大臣不慌不忙地解釋，我寫的不是每句七個字的〈出塞詩〉而是長短句的〈出塞詞〉，這首詞是這樣念：

黃河遠上，白雲一片，孤城萬仞山。
羌笛何須怨？楊柳春風，不度玉門關。

這算不算是不失真的壓縮呢？

相信大家都念過宋朝詩人朱淑真寫的一首詩〈生查子〉，不過也有人說這是歐陽修寫的：

　　去年元夜時，花市燈如畫。月上柳梢頭，人約黃昏後。

　　今年元夜時，花與燈依舊。不見去年人，淚濕春衫袖。

　　這首詩裡，朱淑真用的就是資料壓縮裡「差異編碼」的技巧，前面四句是動畫裡的第一張畫面，描寫去年元夜的情景和人物，後面四句是動畫裡的第二張畫面，這四句指出今年元夜和去年元夜的唯一差異就是不見去年人而已。

　　至於唐朝詩人崔護寫的一首詩〈題都城南莊〉：

　　去年今日此門中，人面桃花相映紅。

　　人面不知何處去，桃花依舊笑春風。

　　去年今日此門中，人面桃花相映紅，那是第一張畫面；人面不知何處去，桃花依舊笑春風，這是第二張畫面，也不正是去年和今年之間「差異編碼」的例子嗎？

Part Ⅱ
魔術中的數學邏輯

魔術和數學

　　什麼是魔術呢？在一般人的心目中，現實的世界裡，有些他們認為是不可能的事情，但是魔術師卻可以把這些事情做出來，這就是魔術。魔術師有一些一般人不知道的資訊、方法或者動作，靠這些資訊、方法或者動作，把這些似乎是不可能的事情做出來。

　　這些資訊、方法或者動作都是魔術師不會輕易透露的祕密，這些祕密是他們維持專業的關鍵。在學術世界中，有一個比對性說法：在一般人的心目中，數學的世界裡，有些一般人認為是不能夠解決的題目，但是數學家卻會把答案找出來。數學家有一些大家想不到的思路和方法，靠著這些思路和方法，把這些似乎無解的難題解出來。而且，數學家——特別是現代的數學家都會盡快把這些思路和方法公開，因為數學家靠這些公開的資料來維持他們的聲譽和地位。

　　至於魔術呢？大家都看過許多不同的魔術表演：例如一隻大象在舞臺上突然消失了；魔術師的助手躺在木箱裡，木箱從

中間被切割成兩段，可是助手後來又完好如初地出現；魔術師從帽子裡抽出一隻又一隻鴿子；這些得靠特殊的道具和方法。不過，這可不是我要講的，我想談的是魔術師靠著一些沒想到的數學推論，就可做出一些大家以為不可能的事情。我會說出其中的祕密，大家聽明白了之後，就真的可以現身說法，當起魔術師了[1]。

我會用很多撲克牌的魔術為例。讓我先解釋幾個名詞：一副撲克牌有五十二張牌，分成四種花色：黑桃、紅心、方塊和梅花，大家都知道黑桃和梅花是黑色的，紅心和方塊是紅色的；每一種花色有十三張牌，那就是Ace、2、3、4、5、6、7、8、9、10、Jack、Queen、King；當我們將一疊牌放在桌上，最上面那一張就是第一張，最底下那一張就是第五十二張；一張向下放置的牌是指花色和點數向下，只能看到牌的背面，一張向上放置的牌是指花色和點數向上；把一張牌翻轉就是從向下翻成向上，或者從向上翻成向下；洗牌是統指把一疊牌的次序改變，在下面我們會講到不同的洗牌方法。

---

1. "*Magical Mathematics*," P. Diaconis and R. Graham, Princeton University Press, 2012是一本很好的參考書。

條條道路通羅馬

　　有一套有名的魔術叫做「條條道路通羅馬」（All roads lead to Rome）。「條條道路通羅馬」是一句英文成語，古羅馬帝國時代，羅馬是一切活動的中心，因此，那時的確從任何地方，每一條路都或者直接通到羅馬去，或者連接上通到羅馬的路。在中文裡，也有「殊途同歸」這句成語，出自《周易‧繫辭下》：「天下同歸而殊途，一致而百慮」。

　　這套魔術不需要把牌按照一個預定的順序排起來，不靠任何手法，不玩任何花樣，可以說是數學裡的自然現象，就像物理學的地心引力一樣，可是，等到1970年代才被一位有名的物理學家克魯斯卡（Martin Kruskal）發現，而且可以用魔術的方式呈現出來。

　　魔術師拿出一副撲克牌，把牌洗好一張一張在桌上排成幾行，只要排得整整齊齊，多少行、每行有多少張都沒關係。魔術師先把遊戲規則說清楚：請觀眾從1到10選一個祕密數字放在心中，譬如說是「5」吧！觀眾就從第一張牌開始數，1、2、

3、4、5往前跳五張牌,然後按照第五張牌的點數繼續往前走,譬如說第五張牌的點數是7,那就1、2、3、4、5、6、7往前跳七張牌,再按照這張牌的點數,繼續往前走,Ace算1點,King、Queen、Jack都算5點。這樣一路,蹦蹦跳跳往前走,遲早會走到一張不能繼續往前走的牌,什麼叫做不能繼續往前走呢?當跳到一張牌的點數譬如是10,但是前面已經沒有足夠的10張牌可以繼續往前走,那就得停下來。這張牌就是這位觀眾的「羅馬」,實例可見圖2-1,其中的 ★ 標記每一次跳到的牌。

　　說完遊戲規則之後,魔術師就說,我先出去散步,你們來洗牌,怎樣洗都沒關係,甚至可以把牌丟在地上,重新撿起

圖2-1

來，再把牌一張一張排起來。接下來，找一位觀眾，請他選定一個祕密數字，並且按照前面講的遊戲規則走完他該走的路。這時候，魔術師回來了，他只會看到排列得整整齊齊的牌，既不知道這位觀眾選的那個祕密數字，也不知道哪一張牌是這位觀眾的「羅馬」，魔術師凝視著桌上的牌一會兒，又凝視這位觀眾做「心電感應」，最後就把這位觀眾的「羅馬」那一張牌指出來了！許多讀者可能會問：「這怎麼可能？」且聽我把背後的道理解明出來。

首先，魔術師從外面走回來之後，他裝模作樣地凝視著桌上的牌，其實，他自己默默地從1到10中間選了一個數字，然後，按照剛才他告訴觀眾怎樣從這個數字開始數牌的規則，一步一步往前走，當他走到他自己的「羅馬」停下來時，他就指著自己的「羅馬」告訴觀眾，這就是您的「羅馬」！

聰明的讀者馬上說，如果魔術師想碰運氣，希望他默默地選出來那個數字正好和觀眾選的祕密數字一樣，那麼他猜對的機率只有1/10呀！事實上，魔術師不必也無法正確地猜出觀眾選的祕密數字，可是，不管魔術師從1到10中選了哪一個數字，從這個數字開始，按部就班地一步一步往前走，最後他的「羅馬」和觀眾的「羅馬」會是同一張牌的機率大約是80%！

為什麼？觀眾選了一個祕密數字，一步一腳印地走到他的

「羅馬」；魔術師也按照他默默選的那個數字，一步一腳印地走到他的「羅馬」，如果在他們兩個人走過的路上，有一個重疊的腳印，那麼從那個重疊的腳印開始，他們兩個人走的兩條路就合而為一，因此也就到達同樣的一張牌作為「羅馬」了。這就是「條條道路通羅馬」。

為什麼觀眾和魔術師一開始時，雖然選了兩個不同的數字，卻有80%的機會到達同一個「羅馬」呢？

數學家建立了幾個數學的模型來作分析，但是，這其中必須包括對排列在桌上的牌的點數分布以及觀眾選擇的祕密數字的分布的機率估計，因此無法斷言絕對精準，讓我提出一個簡單的直覺解釋，五十二張撲克牌點數的總和是：

$$4 \times (1 + 2 + 3 + \cdots\cdots + 10 + 5 + 5 + 5) = 280$$

所以一張牌的平均點數是280/52 = 5.38，也就是每跳一次的平均距離。如果觀眾和魔術師在他們的路上不同的2張牌上各跳一次，他們跳到同一張牌的機率是1/5，跳到兩張不同的牌的機率是4/5。我們一共有五十二張牌，每跳一次的平均距離是5.38，從開始大約平均跳10次才到達「羅馬」，因此，跳了10次，觀眾和魔術師都不碰頭的機率是 $(\frac{4}{5})^{10} = 0.107$，所以，碰頭的機率是 1 − 0.107 = 0.893。

有數學家用另一個模型算出，觀眾和魔術師始終碰不上頭

的機率是 $(\dfrac{5.38^2-1}{5.38^2})^{52}=0.162$ ，所以，碰頭的機率是 $1-0.162$ $=0.838$ 。

經由電腦的模擬，80%的成功率這個估計也得到相當可靠的驗證：譬如說，我們派一百萬副牌，每一副牌讓魔術師先選定一個「羅馬」，模擬結果，在觀眾走的十條路裡：

全部10條路都到達魔術師的「羅馬」的機率是58%，

有9條路到達魔術師的「羅馬」的機率是8%，

有8條路到達魔術師的「羅馬」的機率是8%，

有7條路到達魔術師的「羅馬」的機率是7%，

有6條路到達魔術師的「羅馬」的機率是6%，

有5條路到達魔術師的「羅馬」的機率是5%，

有4條路到達魔術師的「羅馬」的機率是4%，

有3條路到達魔術師的「羅馬」的機率是2.5%，

有2條路到達魔術師的「羅馬」的機率是1.4%，

有1條路到達魔術師的「羅馬」的機率是0.1%，

所以，魔術師答對的機率是：

$0.58 \times 1 + 0.08 \times 0.9 + 0.08 \times 0.8 + 0.07 \times 0.7 + 0.06 \times 0.6 +$ $0.05 \times 0.5 + 0.04 \times 0.4 + 0.025 \times 0.3 + 0.014 \times 0.2 + 0.001 \times 0.1$ $= 0.8524$

　　這些模擬結果也可用另一個方式表達：觀眾走的十條路裡，全部到達同一個「羅馬」的機率是58%，到達兩個不同「羅馬」的機率是40%，到達三個不同「羅馬」的機率是2%。

　　請注意，即使觀眾走的十條路只有八條路到達魔術師的「羅馬」，另外，兩條路可能到達同樣的另一個「羅馬」，也可能是另兩個不同的「羅馬」；即使只有七條路到達魔術師的「羅馬」，另外三條路也可能到達同樣的另一個或者另兩個或者另三個不同的「羅馬」。

　　圖2-2是另一個實例，當中的十條路都到達同一個「羅馬」，方塊9。★、●、◆標記不同的三條路上每一次跳到的牌。

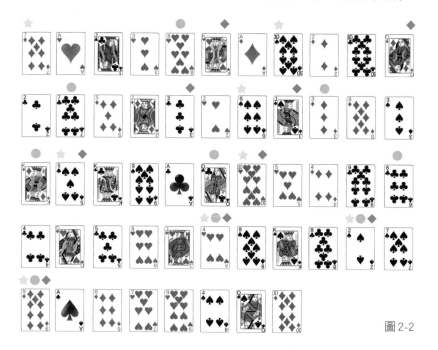

圖2-2

　　從這些分析的結果，讓我提供幾個玩這套魔術的時候，技術層面的小地方：

　　一、作為魔術師，您默選的數字是 1，會增加成功的機率。

　　二、如果 King、Queen、Jack 的數值改為 3，甚至乾脆改為 3、2、1，也會稍稍增加成功的機率。

　　三、如果您的「羅馬」答案是錯的，您可以用心電感應的力度不夠強為藉口，默默再選另一個數字再數一次。當然您也得有點好運，數出一個不同於您第一次數出來的「羅馬」。

　　四、每玩一次，重新洗牌，否則觀眾就容易發現，不管他選什麼祕密數字，到達的「羅馬」都是一樣的了。

　　這套魔術的名字也叫做「Kruskal Count」，在網路上還可以找到玩這套魔術的軟體。

　　在柯南道爾（Arthur Conan Doyle）的福爾摩斯短篇故事〈法蘭西斯卡法克斯女士失踪案〉（The Disappearance of Lady Frances Carfax），有一句福爾摩斯對助手華生說過、常被引用的話：「當您沿著兩條不同的思路思考時，您會找到一個相交點，那應該就相當接近真相了。」（When you follow two separate chains of thought, Watson, you will find some point of intersection which should approximate to the truth.）

漢蒙洗牌法

三娘教子

　　另一套有趣的魔術叫做「三娘教子」。「三娘教子」是京劇裡相當有名的一套戲：明代有一個叫做薛廣的讀書人，他出外做生意，留在家中三個老婆，妻張氏、妾劉氏和三娘王春娥，劉氏生了一個兒子叫做倚哥，薛廣在外頭託一位同鄉送五百兩白金回家，供應家人生活所需，可是這位同鄉私吞了白金，並且帶回來一口空棺材，說薛廣已經身亡了；薛家從此家道中落，張氏和劉氏都改嫁了，只留下三娘辛辛苦苦地撫養教育倚哥，後來薛廣不做生意，從軍去了，官至兵部尚書，倚哥也不負三娘的教育，金榜題名，中了狀元；三娘也勸張氏和劉氏回到家，全家團圓。

　　所以，「三娘」是指第三位夫人。可是，現在打麻將時，如果，三位女士加上一位男士湊成一個牌局，就被戲稱為「三娘教子」，迷信的人認為在「三娘教子」的牌局上，「兒子」是

一定輸錢的，為什麼這個魔術叫做「三娘教子」呢？且請聽我慢慢道來。

　　請一位觀眾隨手抽出四張牌，全部向下，都不要給魔術師看。魔術師請一位觀眾看清楚最底下那一張牌，並牢牢記住，然後魔術師指示他依照下列步驟來做：

　　第一步，把最上面也就是第一張牌放在最底下；接下來，將現在最上面那一張牌，翻過來。換句話說，現在那一疊四張牌，第一張是翻過來的，第三張就是魔術師請觀眾牢牢記住的那張牌，如圖2-3所示。

　　第二步，魔術師就教他洗牌。洗牌有兩個動作，統稱為「漢蒙洗牌」（Hummer Shuffle），那是魔術師漢蒙（Bob Hummer）發明的：第一個洗牌的動作叫做「攔腰一斬」，那就

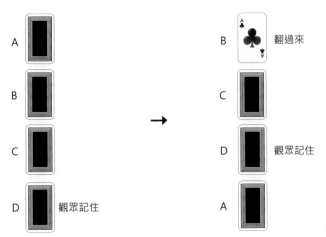

圖2-3

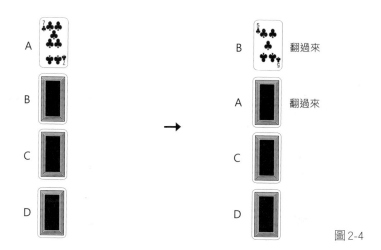

圖 2-4

是隨意把一疊牌分成上下兩份，並不要求這兩份牌的數目相同，把上面那份放到下面去。第二個洗牌的動作叫做「換位置換腦袋」，那就是把第一張牌和第二張牌交換位置，而且把這兩張牌都翻過來，換句話說原來是向下的，翻成向上，原來是向上的，翻成向下，如圖2-4所示。

魔術師請這位觀眾隨心所欲地，按照「漢蒙洗牌」把前面那疊牌洗亂，換句話說，隨意「攔腰一斬」，一斬再斬，隨意「換位置換腦袋」，一換再換。

好了，魔術師要收尾了，他請這位觀眾把洗好的那疊牌最上面一張翻過來，放到最底下，再把目前最上面一張，放到最底下，然後，把目前最上面一張翻過來，如圖2-5所示。答案出來了：把這四張牌一列排開，如果有三張牌是向上的，那麼

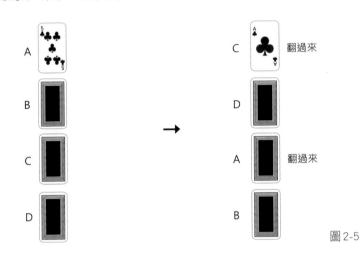

圖 2-5

向下那一張就是這位觀眾牢記的那張牌；如果有三張牌是向下的，那麼向上那一張就是這位觀眾牢記的那張牌。這就是「三娘教子」！在圖 2-5 的例子裡，梅花 A 就是這位觀眾牢記的牌。

您馬上會問，如果四張牌都向上或者向下，或是兩張向上或兩張向下，該怎麼辦呢？您放心，這不可能發生，讓我解釋為什麼。

首先，一疊四張牌，我們把它們按照地理上東南西北的方向放下來，最上面那一張牌放在「東」的位置，然後按照順時鐘也就是地理上東南西北的次序把其他三張牌放下來。（請記得在下面的討論裡，不管牌怎樣洗，「東」就是最上面那張牌。）上面講的第一步「把最上面的一張牌放到最底下，然後把目前最上面那一張牌翻過來」，結果是「東」是向上的牌，

南、西、北是向下的牌，而且「西」就是觀眾牢牢記住的那張牌。

接下來，讓我們來分析一下「漢蒙洗牌」：首先，如果四張牌裡，有三張向上、一張向下，或者有三張向下、一張向上，我們就稱之為「三娘教子」的排列，並且把方向與其他三張不同的那張牌叫做「兒子」。第一步之後我們得到一個「三娘教子」的排列，而且「東」就是「兒子」。我們要證明「漢蒙洗牌」永遠保持「三娘教子」的排列。

很明顯的，「攔腰一斬」的動作，不會改變這四張牌向下和向上的方向，只是將四張牌按著順時鐘方向旋轉，讓某一張牌變成最上面那張牌而已。一個更容易描述的方法是四張牌不動，用一個標記來標示哪一個位置是「東」，也就是哪一張牌是最上面那張牌。（會打麻將的朋友就馬上告訴我，這就是打麻將裡的莊呀！）

接下來，「換了位置換了腦袋」的動作，如果，交換的兩張牌原來是一張向上、一張是向下的話，換了之後，仍然是一張向上、一張向下，沒有改變原來「三娘教子」的排列；如果交換的兩張牌，原來都是向上的話，交換了之後變成兩張都是向下，也就是說從原來的三張向上、一張向下，變為三張向下、一張向上；如果，交換的二張牌，原來都是向下的話，交

換了之後變成兩張都是向上，也就是說從原來的三張向下、一張向上，變為三張向上、一張向下；也都維持「三娘教子」的排列。

不但如此，不管這位觀眾怎樣用「漢蒙洗牌」來洗牌，「兒子」的對面就是他牢記的那張牌：讓我們假設「東」是兒子，「西」是他牢牢記住的那張牌，「攔腰一斬」這個動作，不會改變這兩張牌彼此對面的相對位置；至於「換位置換腦袋」的動作，如果「北」和「東」交換，「北」變成「兒子」，如果「東」和「南」交換，「南」變成「兒子」，而且也都對著「西」；如果「西」和「北」交換，「西」和「北」都翻過來，「南」變成「兒子」，而「北」就是原來的「西」，也就是這位觀眾牢記的那張牌，如果「南」和「西」交換，「南」和「西」都翻過來，上下方向變得和「東」一樣，「北」就變成「兒子」，而「南」就是原來的「西」，也就是這位觀眾牢記的那張牌。

至於最後收尾的動作，把第一張牌翻過來，放到最底下，然後再把目前的第一張牌翻過來，是一個故弄玄虛、混人耳目的動作，其實是把第一張和第三張牌換了位置，並且翻過來，假設「東」是兒子，「西」是這位觀眾牢牢記住的那張牌，若把「東」和「西」翻過來，「東」、「南」、「北」的上下方向是一樣的，「西」的上下方向是相反的；把「南」和「北」翻

過來，「東」、「南」、「北」的上下方向是一樣的，而「西」
的上下方向是相反的，這可不真的神妙無比嗎？如圖2-6所示
（其實圖2-5和圖2-6是一樣的，圖2-5用A、B、C、D，圖2-6
用東、南、西、北而已）。

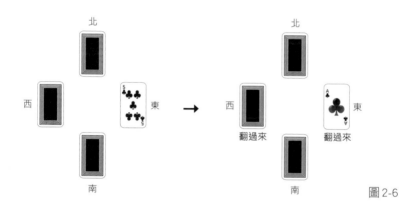

圖2-6

陰陽調和

首先，一個數字的「模二值」（Modulo 2 Value）是它被除
2之後的餘數，換句話說，任何一個偶數的模二值是0，任何一
個奇數的模二值是1。接下來，讓我介紹「模二加法」（Modulo
2 Addition）：我們有0和1兩個模二值，$0 \oplus 0 = 0$，$0 \oplus 1 = 1$，
$1 \oplus 0 = 1$，$1 \oplus 1 = 0$。

假設我們有二十張牌（其實，這個結果對任何偶數$2n$張牌

都是正確的），開始時，全部面向下，我們把這疊牌隨意地作
「漢蒙洗牌」，洗完牌，我們記錄每一張牌的三個數據：開始的
位置：1、2……20，最後的位置：1、2……20，最後的面向：
向下或者向上。這三個數據可以比較簡單地用 a、b、c 三個 0 和
1 來代表，a 是開始位置的模二值，換句話說，如果這張牌開始
的位置是偶數，a 是 0，如果這張牌開始的位置是奇數，a 是 1；
同樣，b 是最後位置的模二值；c 是最後的面向，0 是向下，1 是
向上。

　　舉例來說，開始時在位置「4」的牌，最後的位置是
「9」，最後的面向是向上，那麼 $a = 0$、$b = 1$、$c = 1$；開始時在
位置「3」的牌，最後的位置是「7」，最後的面向是向下，那
麼 $a = 1$、$b = 1$、$c = 0$。

　　把這二十張牌洗完之後，把每張牌的 a、b、c 算出來，並
且用模二加法加起來，例如在上面的例子：

$a = 0$、$b = 1$、$c = 1$；$a \oplus b \oplus c = 0 \oplus 1 \oplus 1 = 0$

$a = 1$、$b = 1$、$c = 0$；$a \oplus b \oplus c = 1 \oplus 1 \oplus 0 = 0$

　　一個意想不到，在魔術上說是奇妙、在數學上說是美麗的
結果是：把這二十張牌的 $a \oplus b \oplus c$ 算出來，結果是完全一樣
的；要不就全是 0，要不就全是 1。

　　為什麼呢？因為一開始把二十張牌的 a、b、c 寫下來，攔

---

2. 讓我們證明這個結果：假設洗牌之後，$2n$ 張牌的 $a \oplus b \oplus c$ 值都等於 0，請注意，最
　後在奇數位置的 n 張牌，$b = 1$；在偶數位置的 n 張牌，$b = 0$。若最後在偶數位置有 j 張
　牌，它們原來的位置是奇數，也就是 $a = 1$，因此此 c 的數值是 1，也就是向上；同時，最
　後在偶數位置有 $n-j$ 張牌，它們原來的位置是偶數，也就是 $a = 0$，因此 c 的數值為 0，
　也就是向下。同樣，最後在奇數位置有 j 張牌，它們原來的位置是偶數，也就是 $a = 0$，

腰一斬不會改變a，也不會改變c，至於b呢？要不就是二十張牌的b全都沒有改變，要不就是全部都改變。所以，二十張牌的$a \oplus b \oplus c$的數值完全是一樣的；至於換了位置換了腦袋呢？把目前的第一張牌變成第二張而且翻過來，它的b變成$b \oplus 1$，c變成$c \oplus 1$，把目前的第二張牌變成第一張而且翻過來，它的b變成$b \oplus 1$，c變成$c \oplus 1$。所以，$a \oplus b \oplus c$的數值又都不會改變。瞭解這個規律後，讓我教您三套魔術。

第一套魔術是「陰陽調和」。拿一疊二十張牌，全部面向下，交給一位觀眾，您背著他，請他隨意地作「漢蒙洗牌」，洗完之後，把牌攤開來，把偶數的牌翻過來，向下變向上，向上變向下，這個時候您說：「我雖然完全不知道您變了什麼花樣，但是我知道，現在有一半牌是向下，有一半的牌是向上的。」那就是「陰陽調和」[2]。

逢黑必反

第二套魔術是「逢黑必反」。拿十張紅牌、十張黑牌；黑紅黑紅相間地疊起來，交給一位觀眾，請他隨意地作「漢蒙洗牌」，洗完牌後，把牌一一攤開在桌面，然後把偶數的牌都翻過來，結果向下的全是黑牌，向上的全是紅牌，或者向下的全是紅牌，向上的全是黑牌。

因此c的數值是1，也就是向上；同時，最後在奇數位置有n-j張牌，它們原來的位置是奇數，也就是$a = 1$，因此c的數值是0，也就是向下。換句話說，最後在偶數位置有j張牌是向上，n-j張牌是向下的；在奇數位置也有j張牌向上，n-j張牌向下。因此，若把偶數位置的牌都翻過來，就有j張牌向下，n-j張牌向上，再加上奇數位置的牌，就有n張牌向上，n張牌向下。

為什麼？我們在上面講過，「漢蒙洗牌」之後，這二十張牌的$a \oplus b \oplus c$的數值都是一樣的，假設$a \oplus b \oplus c = 0$。對那十張紅牌來說，a的數值都是0，洗牌之後：如果b是1，c一定是1，所以這張牌是向上的；如果b是0，c一定是0，所以這張牌是向下的；反過來，對那10張黑牌來說，a的數值都是1，洗牌之後：如果b是1，c一定是0，所以這張牌是向下的；如果b是0，c一定是1，所以這張牌是向上的；最後把偶數的牌都翻過來時，就是把$b = 0$的牌都翻過來，因此，所有向下的紅牌和所有向上的黑牌都給翻過來了。

一言驚醒夢中人

第三套魔術是「一言驚醒夢中人」。先選十張牌，Ace、2、3、4、5、6、7、8、9、10，按照次序排成一疊交給一位觀眾，請他隨意作「漢蒙洗牌」，洗完之後，魔術師對他說：「您只要把洗好的牌的點數逐一告訴我，我會正確地告訴您每張牌的方向是向上還是向下。」譬如說洗完牌之後，觀眾說第1張牌是7點，換句話說，$a = 1$（因為開始的位置是7），$b = 1$（因為最後的位置是1），但是魔術師不知道c是0還是1，所以，他就瞎猜說牌是向上的，如果觀眾說果然對了！魔術師知道$c = 1$，那麼$a \oplus b \oplus c = 1$，如果觀眾說你錯了，魔術師則知道$c = $

0，並假裝說一開始通靈的能力沒有熱身好，您「一言驚醒夢中人」，下面就一定不會出錯了。假設他真的猜對了，魔術師知道 $a \oplus b \oplus c = 1$，他就問這位觀眾，下一張是幾點，觀眾說是 6 點，換句話說，$a = 0$（因為開始的位置是 6），$b = 0$（因為最後的位置是 2），所以，c 必須等於 1，所以，魔術師說牌是向上的。再問，下一張牌是幾點，觀眾說是 3 點，$a = 1$（因為開始的位置是 3），$b = 1$（因為最後的位置是 3），所以，c 也必須等於 1，所以牌是向上的。因此，第一張牌決定了 $a \oplus b \oplus c$ 的數值之後，以後就不會出錯了！

排列的祕密

皇家同花順

在一副撲克牌裡，選二十張牌，其中五張是黑桃Ace、King、Queen、Jack、10，這五張牌配起來就是撲克牌裡最大的一手牌「皇家同花順」（Royal Flush），我們稱這五張牌為「好牌」，另外十五張是無關重要的牌，就稱它們為「爛牌」。

魔術師按照任何洗牌方法，把這二十張牌洗好，分成兩疊，每疊十張，一疊拿在左手，一疊拿在右手，而且都正面朝上，所以魔術師會看到每疊最上面那一張牌是什麼。魔術師從這兩疊牌，一張從左手，一張從右手，輪流一左一右拿出，再合成一疊。如果左手拿出來的是「爛牌」，把它正面朝上放，如果左手拿出來的是「好牌」，則正面朝下放；如果右手拿出來的是「爛牌」，則正面朝下放，如果右手拿出來的是「好牌」，則正面朝上放；首先注意，在合成的那疊牌裡，左手的牌占了偶數的位置，20、18、16……2，右手的牌占了奇數的

位置，19、17、15……1，因此，在合成的那疊牌裡，偶數的
位置，「爛牌」向上，「好牌」向下；奇數的位置，「爛牌」向
下，「好牌」向上。接下來，我們把這一疊牌，一一再發一
次，奇數位置的牌，照著原來的方向發出來，偶數位置的牌，
翻過來才發出來，結果是十五張爛牌向下，五張好牌都向上，
這就是 Royal Flush。其實，這套魔術的基本道理很簡單，魔術
師將二十張牌，一張一張檢視，合成一疊，好牌向上，爛牌向
下，不過，那就沒有趣味了，魔術師從左手、從右手把牌拿出
來，有時向上，有時向下，都是混淆視聽的障眼法而已。

　　讓我提醒大家，玩這套魔術時要注意：開始時不要讓觀眾
發現你的目的是把那五張好牌向上排出來，否則，當您把左手
和右手的牌分別發出時，眼尖的觀眾會注意到您對爛牌和好牌
的處理方法。開始時，您只要說，必須經過洗牌發牌的過程，
接著再找出一手好牌。

五中取一

　　接下來，讓我介紹一套魔術叫做「五中取一」。這套魔術
需要一位助手，助手把一副撲克牌交給一位觀眾，請他隨機抽
出五張牌，助手對觀眾說：「我們兩個人聚精會神盯著這五張
牌，經由心電感應，就可以把這五張牌的花色和點數傳遞給魔

術師了。」過了一會，助手說：「今天天氣不好，我的身體不舒服，而且現場別人心電感應的訊號又很雜亂，魔術師說他只收到這五張牌的部分訊息。這樣吧！您拿著這張牌，不要讓任何人看，我將另外這四張牌交給魔術師，這樣他就可以排除雜亂的心電感應，把您手中拿著的第五張牌的花色和點數感應出來。」很明顯的，從助手交給魔術師的四張牌裡，有足夠的資訊，讓魔術師決定觀眾手中那張牌是什麼花色和點數。

讓我們先作一個粗略的估計：魔術師看到四張牌，要靠這四張牌從剩下的四十八張牌裡選出一張牌來，但是，四張不同的牌只有 $4 \times 3 \times 2 = 24$ 個不同的排列，那麼助手如何把觀眾手中那張牌的訊息，經由這四張牌傳遞給魔術師呢？首先，觀眾手中那張牌是助手幫他挑選的，其次，因為一開始有五張牌，在這五張牌裡，一定有兩張牌是同樣的花色[3]。助手就把這兩張牌的其中一張，留給觀眾，另外一張放在交給魔術師的四張牌裡的第一張，所以，魔術師就知道觀眾手中那張牌的花色了。但是，點數呢？除了魔術師看到那一張之外，還有十二個不同的點數呀！請注意，在那兩張花色相同的牌裡，哪一張留給觀眾和哪一張交給魔術師是有學問在裡頭的：讓我們把 Ace、2、3、4……、Jack、Queen、King 十三張牌圍成一個圓圈，將相同花色的這 2 張牌叫做 A 和 B，我們知道依順時針方向走，從 A 出

---

3. 這就是數學裡的「鴿籠原理」（Pigeonhole Principle）。

發到B的距離，和從B出發到A的距離一定有一個小於或者等於6，如圖2-7所示[4]。假設從A到B順時針轉的距離小於等於6，那麼助手只要把出發點A告訴魔術師，再用另外三張牌描述A到B的距離，魔術師便能算出觀眾手上的牌B了。至於A到B的距離如何經由另外三張牌傳遞給魔術師呢？那就簡單了：三張牌可以按照點數的大小分成小、中、大（如果點數相同，以花色來分大小，黑桃大於紅心大於方塊大於梅花），三張小中大的牌有六個不同排列：小中大代表1，小大中代表2，中小大代表3，中大小代表4，大小中代表5，大中小代表6，這就可以用來代表從A到B的距離了。因為不管觀眾隨機抽出那五張牌是什麼，魔術師都可以把答案找出來，這就是「五中取一」這個名稱的由來。

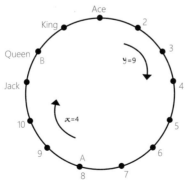

圖 2-7

---

4. 如果從A到B的距離是x，從B到A的距離是y，$x + y = 13$，x和y中間一定有一個小於等於6。例如在圖2-7，A是8，B是Queen。

五子登科

接下來，讓我介紹一套魔術名稱叫做「五子登科」。「五子登科」是一句吉祥話，祝福別人的兒子都有很好的成就，這句成語的出處是：五代後晉時期燕山有一位名叫竇禹鈞的人，他的五個兒子都取得功名，因為他居住於燕山府（現天津市薊縣），所以也被稱為竇燕山，《三字經》裡有「竇燕山，有義方，教五子，名俱揚」這幾句。不過，現今社會也有現代版的「五子登科」，那就是妻子、孩子、房子、車子和銀子。

閒話休說，言歸魔術「五子登科」。這套魔術是這樣的：魔術師找了五位觀眾，站成一列，將一副撲克牌交給第一位觀眾，請他隨機「切」，「切」就是前面講的「攔腰一斬」，把牌分成上半份和下半份，然後把上半份放在下半份的底下。

接下來請他傳給第二位觀眾去「切」，再傳給第三位、第四位、第五位觀眾去「切」，魔術師又裝模作樣地表示：這樣恐怕還不夠，請第五位觀眾把牌傳給第四位觀眾再「切」，再傳給第三位、第二位、第一位觀眾去「切」。最後，魔術師說：「好了，請第一位觀眾抽出最上面的一張牌，再傳給第二位觀眾抽出最上面的一張牌，然後傳給第三位、第四位、第五位觀眾都依序抽出最上面的一張牌。」然後，魔術師請大家聚精會神看著自己手上的牌，透過心電感應傳遞給他。過了一會，魔

術師又裝模作樣地說：五個人傳遞的訊號，相互交錯，有點混亂，請大家幫個忙，手上拿紅牌的人請往前踏一步。接下來，魔術師就把這五個人手上那五張牌一一說出來了。

這套魔術的奧妙在哪裡呢？首先，魔術師那疊牌一共只有三十二張，而且是按照預定的順序排列。

其次，我們前面已經講過把三十二張牌排成一個圓圈，不管如何反覆地「切」，牌的先後順序是不會改變的，唯一改變的是那一張牌成為這疊牌最上面那張牌而已。換句話說，牌傳來傳去、切來切去，都是假動作，最後還只是在圓圈上某一點開始選出五張牌而已。

第三，這三十二張牌只是按照它們的顏色（紅和黑）來排列，跟牌的花色和點數完全沒有關係，換句話說，花色和點數都是無關重要的資訊。如果，我們把三十二張牌排成一個圓圈，把任何連續五張牌的顏色的模式念出來，譬如說：紅紅紅紅紅、紅紅紅紅黑、紅紅紅黑紅、紅紅黑紅紅，到最後，紅黑紅紅紅、黑紅紅紅紅等等，只要這三十二個紅黑的模式不一樣，我們就可以從紅黑的模式知道，那是圓圈上那五張連續的牌了。如圖2-8所示。

談到這裡，大家才恍然大悟，當魔術師說心電感應訊號有雜音，請拿紅色牌的人往前跨一步時，目的就是要知道這連續

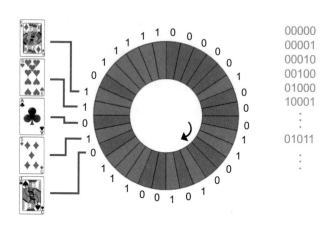

圖 2-8

五張牌紅黑的模式。然後他就可以決定是哪五張牌了。

讓我交代一下小小的技術問題。當魔術師知道連續的五張牌紅黑的模式之後，他或者靠驚人的記憶力，或者靠一張小抄，甚至把小抄存在現場的電腦裡，他就可以把這五張牌的花色和點數唸出來了。

講到這裡，我得回答最重要的一個問題：可不可能把三十二張牌排成圓圈，讓連續五張牌紅黑的模式都是不相同的呢？這個答案來自「圖論」（Graph Theory）裡一個叫做「尤拉回路」（Euler Circuit）的觀念。我們不但可以證明，對 4、8、16、32、64……2^k 張牌，都是可能的，而所有可行的排列方法的數目已經由一位荷蘭數學家狄布恩（Nicolaas Govert de Bruijn）在 1946 年算出來：

4 張牌時，只有 1 個，

8 張牌時，有 2 個，

16 張牌時，有 16 個，

32 張牌時，有 2048 個，

2^k 張牌時，有 $2^{2^{k-1}-k}$ 個排列方法。

上述這些排列方法也就被稱為「狄布恩序列」（de Bruijn Sequence）。至於，如何去找一個或者所有的「狄布恩序列」呢？有興趣的讀者可以去找出不同的現成算法。讓我提供幾個例子，為了便於讀和寫，我用「0」代表紅，「1」代表黑：

4 張牌，唯一的「狄布恩序列」是 0011

8 張牌，一個「狄布恩序列」是 00010111

16 張牌，一個「狄布恩序列」是 0000111101100100

32 張牌，一個「狄布恩序列」是 00000100100000111110001
101110101

有了「狄布恩序列」，我們可以隨意地找紅色和黑色的牌按照序列排起來，那就可以變魔術了。

明白這個之後，我們就知道也可以用六十四張牌變「六子登科」的魔術，因為使用重複的牌是沒有影響的。讓我講一個小小的變化：

若魔術師只用32或64、128張牌的時候，有數學經驗的觀眾一定會想到這和2^k有關，因此一定有些數學的觀念在後面，一個比較不會引起疑竇的做法，是用一整套52張撲克牌。當然，52張牌排成一個圓圈，五張連續牌的紅黑模式只有32個，所以，這52張牌中一定會有重複的紅黑模式。但是，我們可以把這52張牌排起來，使得五張連續牌的紅黑模式裡，只有20個是每個重複一次，而其餘12個是不重複的。當觀眾告訴魔術師他們手中五張牌的紅黑模式時，魔術師從小抄裡可能找出一個答案，就是那12個沒有重複的紅黑模式；也可能找出兩個答案，就是那20個重複的紅黑模式，這個時候魔術師可以巧妙地從兩個答案裡選出正確的答案。

舉例來說，這兩個答案裡，一個的第一張是紅心7，另一個的第一張是方塊5，他問第一位觀念，您哪一張牌是不是紅心7呀？如果，觀眾說：「是！」，那就是第一個答案，否則那就是第二個答案。

五子登科的延伸

「五子登科」這套魔術給了我們一個啟示：假如按照一個預定的順序把一疊牌排列起來，只要知道部分的訊息──例如：

在「五子登科」裡，是連續五張牌的紅黑的模式，就可以決定那張五張牌是什麼了，讓我介紹三套相似的魔術。

第一套是拿一副完整的52張牌的撲克牌，依著一個預定的順序排起來，請三位觀眾輪流反覆切洗，然後從最上面每人抽取一張牌，報出手上的牌的花色，魔術師就可以說出那三張牌是什麼了，這套魔術的基本觀念是把52張牌按照黑桃、紅心、方塊、梅花四種花色依照預定的順序，排成一個圓圈，這個順序保證任何連續三張牌的花色模式都是和其他連續三張牌的花色的模式不同的，因此，魔術師就可以斷定那三張牌是什麼了。

這個預定的順序是如何決定的呢？讓我給大家一個提示就足夠了：「狄布恩序列」的觀念並不限於0和1，或者紅和黑，可以推廣到0、1、2和3，或者黑桃、紅心、方塊和梅花。

第二套魔術和上面相似，不過，三位觀眾的第一位說出他手上的牌的點數，例如7；第二位說出他手上的牌的花色，例如：梅花；第三位什麼都不需要說，魔術師就可以斷定這三張牌是什麼了。

這個時候，大家都明白背後的道理了。我們只要把牌依著一個預定的順序排起來，對任何連續三張牌，只要知道第一張

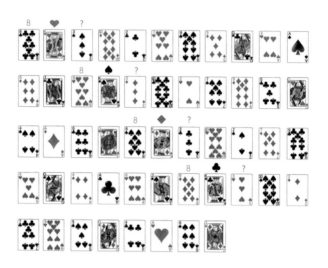

圖2-9

牌的點數，第二張牌的花色，就可以決定這三張牌是什麼了。

圖2-9展示一個這樣的順序。

第三套魔術背後的數學比較複雜，我只把魔術的過程為大家描述一下：

和前面一樣，五位觀眾輪流切牌，然後每人抽出一張，魔術師請同花色的站在一起，比方：第一位拿梅花8、第二位拿方塊4、第三位拿方塊Jack、第四位拿紅桃Ace、第五位拿梅花10。第一位和第五位拿的是梅花，他們站在一起，第二位和第三位拿方塊，他們站在一起；第四位拿的是紅桃，他獨自站在那裡，魔術師只知道同花色站在一起，連他們拿的是什麼花色都不需要知道，就可斷定這五張牌是什麼。

這背後的數學的細節我就不在這裡講了[5]。

文學上相似的形式

「五子登科」這套魔術基於「狄布恩序列」，那就是把 2^k 個 0 和 1 排成一個圓圈，在圓圈上任何 k 個連續的 0 和 1 的模式都是和其他不同的。在中國文學裡也有所謂「圓環詩」，讓我舉一個例子：把「賞花歸去馬如飛酒力微醒時已暮」十四個字排成一個圓圈，就可以唸出一首七言絕句：「賞花歸去馬如飛，去馬如飛酒力微，酒力微醒時已暮，醒時已暮賞花歸。」

但是，「狄布恩序列」可以用順時針方向、也可以逆時針方向來讀。在中國文學裡也有相似的例子：把「鶯啼岸柳弄春晴夜月明」十個字排成一個圓圈，順時針、再逆時針方向：「鶯啼岸柳弄春晴，柳弄春晴夜月明，明月夜晴春弄柳，晴春弄柳岸啼鶯。」如圖2-10所示。

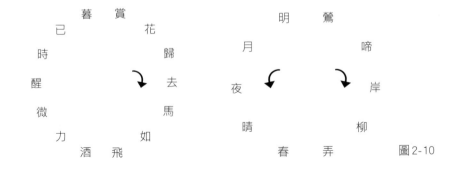

圖2-10

吉爾布雷斯的梅花間竹式洗牌法

接下來的幾套魔術都是從「吉爾布雷斯的原則」變化而來（Gilbreath's Principle），那是著名的魔術師兼數學家吉爾布雷斯（Norman L. Gilbreath）發現的。在上面講過的幾套魔術裡，都規定觀眾或者用「攔腰一斬」（切牌）的洗牌方法，或者用「換位置換腦袋」的洗牌方法。直覺上來說，觀眾會覺得魔術師必定預先把牌按照順序排起來，因為這兩種洗牌方法都沒有把牌洗得很「亂」。

玩過任何撲克牌遊戲的讀者，都會記得最常用的洗牌方法，英文叫做 riffle shuffle，中文叫做「梅花間竹式洗牌」或者叫做「鴿尾式洗牌」，那就是把牌分成兩份，左手拿一份，右手拿一份，然後左邊一張、右邊一張，左邊一張、右邊一張地把兩份合成來。加上我們一般人的手法沒有那麼完美，往往就是左邊一張、右邊兩張，左邊兩張、右邊一張，甚至左邊三張、右邊兩張地把兩份合起來，直覺來說，即使魔術師預先把

牌按照某一序列排起來，這一來就會把預先的序列打亂了[6]。

　　讓我首先指出，這種洗牌的方式叫做「梅花間竹式洗牌」，理由很明顯，繪畫時，我們要把梅花和竹畫得相互交錯，古人有「竹映梅花花映竹，主人不剪要題詩」的詩句。至於「鴿尾式洗牌」，「鴿尾」這個詞來自英文「dovetail」，是把不同形狀的紙片或者木塊接合起來的意思。

　　一個嚴肅的數學問題是：「梅花間竹式洗牌」是真的把一副牌原來的序列完全洗亂嗎？首先，在數學上我們要為「亂」（randomness）這個名詞下一個精準定義，這個我們無法在這裡細說，不過，大家馬上看出，經過一次「梅花間竹式洗牌」，左邊那一半的牌彼此之間原來的相對順序，和右邊那一半的牌彼此之間原來的相對順序，在合起來的那一疊牌裡還是沒有改變的，一個嚴謹的數學分析的結果說，七次或八次「梅花間竹式洗牌」才會把一副牌洗得「真正的亂」。

吉爾布雷斯原則

　　「吉爾布雷斯的梅花間竹式洗牌」是「梅花間竹式洗牌」的一個變化：有五十二張撲克牌，按順序是1, 2, 3, 4……49, 50, 51, 52，隨意把它分成（並不一定相等）兩份，譬如說第一份是1, 2, 3……21, 22, 23，第二份是24, 25, 26……49, 50, 51, 52。接

6. 在「梅花間竹式洗牌」裡若把牌分成相等的兩份，並準確地左一張，右一張，左一張，右一張，交錯地疊起來，就叫做「完美洗牌」（Perfect Suffle），例如八張牌1、2、3、4、5、6、7、8分成兩半，左邊是1、2、3、4，右邊是5、6、7、8，「完美洗牌」的結果是1、5、2、6、3、7、4、8。通常只有賭場裡的專家才能夠得心應手地做得到。

下來，把第一份的順序倒過來變成23, 22, 21……3, 2, 1，然後和第二份24, 25, 26……49, 50, 51, 52作「梅花間竹式洗牌」。例如結果可能是23, 24, 25, 22, 26, 21, 20……。

把五十二張牌按照幾個固定的次序同時排出來，例如：

1. 每2張是紅黑……

2. 每4張是黑桃、紅心、方塊、梅花……

3. 每13張是1、2、3、4、5、6、7、8、9、10、Jack、Queen、King、……

吉爾布雷斯的原則說經過「吉爾布雷斯的梅花間竹式洗牌」之後：

1. 每2張一定是一紅一黑

2. 每4張一定是四種花色各一張

3. 每13張一定是Ace到King各一張

至於，如何證明吉爾布雷斯的原則呢？說穿了，可真簡單！

首先，我們就用A、B、C、D代表四種花色，我們可以試著算算看：

按照ABCD這種次序自左到右一路排開重複13次，這代表52張牌按照花色的一個固定順序排開：ABCDABCDABCDABCD……等，在這52張牌裡，我們隨便找一個位置，譬

如說第22個位置吧，畫一根垂直線把這些牌分成兩份，左手一份就是第1～22張，右手一份就是第23～52張牌。

「吉爾布雷斯的梅花間竹式洗牌」就是從垂直線的左邊拿一、兩張，再從右邊拿二、三張，左邊再拿一、兩張，右邊再拿一、兩張牌等等。不管您如何拿，前面四張一定是A、B、C、D，次序不等，接下來四張一定是A、B、C、D，次序不等，如圖2-11所示，這就是吉爾布雷斯原則的證明。至於按照紅黑的顏色；黑桃、紅心、方塊、梅花的花色；Ace、2、3、4……Jack、Queen、King的次序，同時排出來，左邊拿一、兩張，右邊拿二、三張，左邊拿一、兩張，右邊拿一、兩張，結果還是如吉爾布雷斯原則所述的。

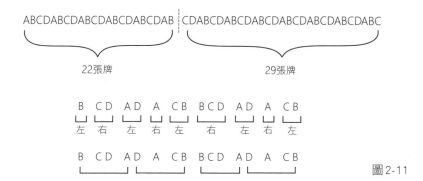

圖2-11

誠實和謊言

魔術師拿出一疊二十張牌全部面向下，隨手切了幾次，對一位觀眾說：「請您幫我做一次『梅花間竹式洗牌』，讓我數一半給您，1、2、3、4、5、6……10（在數牌時把這十張牌的順序從上到下1到10變成從下到上10到1），您用左手拿著這一半，用右手拿著剩下的一半，『梅花間竹式洗牌』之後，交還給我。」[7]

接下來，魔術師把這疊牌平分，一張給觀眾，一張留給自己，一張給觀眾，一張留給自己，結果觀眾手裡有十張牌，魔術師手裡也有十張牌。魔術師說：「我不知道您是不是一位誠實的人？您也不知道我是不是一位誠實的人？我們來比較一下您和我判斷『真話』和『謊言』的能力。我讓您先來，我一一報出我手裡的牌的顏色，也許是誠實，也許是不誠實；您來判斷，每一次我講的是真話還是謊言？」於是，魔術師說：「第一張牌是紅色。」，觀眾糊里糊塗地猜是「真話」，牌一翻開來，果然是「紅色」的，魔術師說：「我很誠實，您的判斷是對的！」讓我用紙和筆或者用電腦把這個記錄下來。接著，魔術師：「第二張是黑色的。」觀眾糊里糊塗地猜是「謊言」，牌一翻開來，是「黑色」的，魔術師說：「我很誠實，您的判斷錯了！」，讓我們也把這個記錄下來。接下來，魔術師把牌的

---

7. 請注意，在這一套和下面兩套的魔術裡，當魔術師告訴觀眾要作「梅花間竹式洗牌」的時候，其實他巧妙地把左手那一半的牌的順序顛倒過來了，變成「吉爾布雷斯的梅花間竹式洗牌」。

顏色一一說出「紅」或「黑」，有時說真話，有時說謊言，觀眾也一張一張地判斷，有時對，有時錯，最後魔術師說：「按照我的紀錄，我說了七次真話、三次謊言，您正確的判斷六次，錯誤的判斷四次；您判斷的能力普通而已，做生意得小心，否則，會被壞人把錢都騙光了。現在，反過來，您一一報出您手裡的十張牌的顏色，您可以說真話也可以說謊言，讓我來判斷。」當然，每次不管觀眾說真話，還是謊言，魔術師都正確地判斷出來，他是誠實，還是不誠實。

這套魔術的祕密在哪裡呢？讓我先把其中的假動作說出來，當魔術師看到他手上的十張牌的顏色的時候，他就已經知道觀眾手上的十張牌的顏色是什麼了，所以，在前半段，魔術師請觀眾猜，完全是一個假動作：魔術師只不過要趁這個機會，很自然地把自己手上十張牌的顏色逐一抄在紙上，免得在後面一一去看自己的牌來對照。等到觀眾把他的牌的顏色報出來的時候，魔術師就按照自己手上的牌的顏色來對照，確定觀眾是講真話，還是說謊了！其實，說真話、說謊話也是一個假動作，用來掩飾魔術師早就清楚知道觀眾手上按順序每一張牌的顏色。

為什麼呢？魔術師預先把二十張牌按照紅黑紅黑紅黑的次序排列起來。首先，很明顯的，無論切洗多少次，這個紅黑紅

黑紅黑的次序是不會改變的，接下來的「吉爾布雷斯的梅花間竹式洗牌」，雖然不再保持紅黑紅黑的次序，但是按照吉爾布雷斯原則，洗過的牌每兩張牌顏色都是不同的，一定是一張紅一張黑。舉一個例說，如果第一張是紅，第二張一定是黑，第三張是紅，第四張一定是黑，第五張是黑，第六張一定是紅。當魔術師把這一副牌，一張分給觀眾，一張留給自己，一張分給觀眾，一張留給自己，每一次，兩張牌的顏色都是不同的。當觀眾說出他第一張牌的顏色時，如果和魔術師手上第一張的顏色相反，那是真話，如果和魔術師手上第一張牌的顏色一樣，那就是謊言了。

五神

第二套魔術叫「五神」，簡介如下：

魔術師拿著一副完整的五十二張撲克牌、牌面全部向下，隨手切了幾次，然後向一位觀眾說，請您幫我做一次「梅花間竹式洗牌」，讓我們把牌分成兩份，譬如說左手23右手29吧，1, 2, 3, 4, 5, 6……這裡是23張牌，一邊數一邊把牌放成新的一疊牌，使得順序從1到23變成23到1（如上所述，請注意這個小動作），您用左手拿著這23張牌，右手拿著剩下來的29張牌，好好地幫我「梅花間竹式洗牌」一次。

　　洗好之後，魔術師說您想知道這疊牌裡的某一張牌是什麼嗎？隨便選一個數字吧，譬如，觀眾說：「第九張」，魔術師就說，那我得先看看前面那八張牌是什麼？於是把第一張、第二張……前八張都翻過來了，第九張向下放著，魔術師凝視第九張牌一陣子，說看不太出來，讓我再多看幾張牌吧！便把第十張、第十一張、第十二張翻過來，魔術師又凝視了一會，說再讓我多看幾張牌吧！再看了幾張牌之後，魔術師說：「夠了！」就說出第九張牌的點數和花色。其實，魔術師只要看到前面十多張牌，就可以將其中一張（在這個例子裡是第九張）沒翻過來的牌的點數和花色說出來。

　　那麼訣竅在哪裡？

　　一開始，魔術師把五十二張牌按照下面的兩個規則排列起來：

1. 每4張牌，花色都按照固定的次序排列，例如：黑桃、紅心、方塊、梅花。
2. 每13張牌點數都按照一個固定的次序排列，例如：Ace、2、3、4、5、6、7、8、9、10、Jack、Queen、King。

　　當然，反覆切洗不會改變這些相對的次序。接下來的「吉爾布雷斯的梅花間竹式洗牌」，雖然改變了這些相對的次序，

但是卻保持下面的特性：

1. 每4張牌的花色都是黑桃、紅心、方塊、梅花，雖然次序
   並不一定是如此。

2. 每13張牌的點數都是Ace、2、3、4、5、6、7、8、9、10、
   Jack、Queen、King，雖然次序不一定是如此。

這麼一來，大家就明白魔術師的祕密了。當觀眾要知道第九
張牌是什麼，魔術師只要知道第十、十一、十二張的花色，他就
知道第九張牌的花色是什麼了。魔術師只要知道第一張到第十三
張牌（第九張除外）的點數，他就知道第九張牌的點數是什麼
了。

不過，讓我指出一些小小的技巧，一開始，當魔術師把五
十二張牌按一個預定的順序把四種花色排列起來，他不一定要
用黑桃、紅心、方塊、梅花這個次序，因為這是大家最熟悉的
次序，他可以隨便選一個次序。同樣，當魔術師把五十二張牌
按一個固定順次序把點數排列起來，也不一定要用Ace、2、
3、4、5、6、7、8、9、10、Jack、Queen、King的次序，否
則，12張牌排開來，觀眾就容易看出來了。一個西方魔術師常
用的次序是8、King、3、10、2、7、9、5、Queen、4、Ace、
6、Jack，因為這可以用一句話「Eight kings threatened to save

ninety-five queens for one sick knave」把這個次序記起來。

至於魔術師看完前面十三張牌，他就知道結果了，還要多看兩、三張牌，那又是完全裝模作樣的假動作。

第47頁

第三套魔術：魔術師先拿出一張紙，在上面寫下一句話，然後鄭重其事地把這張紙放在他帶來的道具——比方是劉炯朗教授最近出版的《你沒聽過的邏輯課》——底下壓住。接下來，魔術師拿出一副撲克牌，攤開來一看，說我們只喜歡數字，讓我們把十二張King、Queen、Jack都拿走，剩下來的請一位觀眾來一次「梅花間竹式洗牌」（洗牌之前魔術師幫忙分疊、數牌，如上所述請注意這個小動作），洗完牌之後，魔術師翻開一張、兩張，……一共九張，譬如說是3、10、2、7、9、5、4、1、6，魔術師請觀眾把這些牌的點數加起來，結果是 $3 + 10 + 2 + 7 + 9 + 5 + 4 + 1 + 6 = 47$，魔術師說打開我壓在劉炯朗那本書底下的紙，看看上面第一行寫的是什麼，上面寫的是：「於寒冷的北部地方……」，打開劉炯朗那本書，那正是第47頁的第一行！您想知道這其中的訣竅嗎？

首先，當魔術師拿走所有的Jack、Queen、King時，其實他也偷偷把四張8點的牌拿走，然後把剩下來的三十六張牌，

按照Ace、2、3、4、5、6、7、9、10的次序（或者任何預先選定的次序）排起來，經過切牌和「吉爾布雷斯的梅花間竹式洗牌」之後，最上面的九張牌，一定是Ace、2、3、4、5、7、9、10，按照某一個無關宏旨的次序出現，加起來的總數一定是47，所以，魔術師一開始寫的那句話，就是從劉炯朗那本書第47頁抄出來的。

至於，為什麼要拿走8點呢？因為，1＋2＋3＋4＋5＋6＋7＋8＋9＋10＝55，「55」這個數字會讓許多對數學比較熟悉的觀眾提高警覺。拿走8點，剩下來的數字和是47，那倒好像是偶然出現的數字。

蒙日洗牌

蒙日（Gaspard Monge）是十九世紀法國有名的數學家，被稱為微分幾何（Differential Geometry）之父。「蒙日洗牌」（Monge Shuffle）也是他發現的，「蒙日洗牌」是這樣的：左手拿著整疊牌，把第一張牌放在右手，把第二張放在第一張牌上面，把第三張放在第一張下面；接下來就反覆將左手的牌一張放在右手那疊牌上面，另一張放在右手那疊牌下面，例如：開始時，左手拿著四張牌，從上到下是1、2、3、4，經過「蒙日洗牌」後，從上到下變成4、2、1、3；例如：開始時，左手拿著八張牌，由上到下是1、2、3、4、5、6、7、8，經過「蒙日洗牌」後，從上到下變成8、6、4、2、1、3、5、7。

同性相吸

當我們用「蒙日洗牌」把八張牌洗了兩次，原來1、2、3、4、5、6、7、8的順序先轉變為8、6、4、2、1、3、5、7，再轉變為7、3、2、6、8、4、1、5，雖然，這似乎把整疊牌都洗

得很亂了，但是，如果一開始您拿八張牌排成黑桃 Ace、King、Queen、Jack、紅心 Ace、King、Queen、Jack，請兩位觀眾先後用「蒙日洗牌」洗二次，洗出來的牌的次序是一對 Queen，一對 King，一對 Jack，一對 Ace，這套魔術就叫做「同性相吸」。

接下來，按照 1、2、3、4、5、6、7、8 這個順序的八張牌，經過兩次「蒙日洗牌」，順序變成 7、3、2、6、8、4、1、5，再來一次變成 5、4、6、3、7、2、8、1，又再一次變成 1、2、3、4、5、6、7、8。換句話說，經過四次「蒙日洗牌」，八張牌就回復到原來的順序了。從蒙日自己開始，數學家陸續算出 $2n$ 張牌一共要經過多少次「蒙日洗牌」才會回復到原來的順序，例如：八張牌 4 次，十張牌 6 次，十二張 10 次，十四張 14 次，五十張 50 次，但是一副撲克牌五十二張只要 12 次。

Ace 在哪裡

從「同性相吸」這套魔術，我們又可以想出其他一些有趣的魔術，我們注意到八張牌在連續的「蒙日洗牌」的過程裡，1、5、7、8 這四個位置形成一個循環，換句話說，在這四個位置的牌在連續的「蒙日洗牌」裡，按次序旋轉，也就是說，「蒙日洗牌」將位置 1 的牌移到位置 5，位置 5 的牌移到位置 7，位置 7 的牌移到位置 8，位置 8 的牌移到位置 1。同樣，2、4、

3、6這四個位置也形成一個循環。

我們可以設計一個叫做「Ace在哪裡」的魔術：在八張牌按照Ace、2、3、4、5、6、7、8的順序排好，請觀眾作任何次數的「蒙日洗牌」，然後您翻開第一張牌，您就可以知道Ace在哪裡了。原因是1、5、7、8這四張牌，按照這個次序循環地占了1、5、7、8這四個位置，所以，您只要知道哪一張牌占了第一個位置就可以知道Ace在哪裡了。讓我列一個表，一切就清晰明瞭了：

原來位置	1	x	x	x	5	x	7	8
第一次洗牌後	8				1		5	7
第二次洗牌後	7				8		1	5
第三次洗牌後	5				7		8	1

同樣，有興趣的讀者可以用2、4、3、6這個循環設計一個「老二在哪裡」的魔術，不過，提醒您，得小心一點，這四個位置循環的次序是2、4、3、6，不是2、3、4、6！

原來位置	x	2	3	4	x	6	x	x
第一次洗牌後		6	4	2		3		
第二次洗牌後		3	2	6		4		
第三次洗牌後		4	6	3		2		

慶祝婦女節

當我們分析「蒙日洗牌」時，我們發現所有的位置被分成若干個循環，但是這些循環是如何形成，那就跟一共有多少牌有關了，讓我舉一個例：我們發現用「蒙日洗牌」來洗十二張牌時，在1、7、10、2、6、4、5、9、11、12這些位置的牌形成一個循環，在3、8這兩個位置的牌形成一個循環。因此，我們可以設計一個叫做「慶祝婦女節」的魔術，選出十二張牌，其中兩張是紅心和方塊的Queen，代表兩位傑出的女性，就說是代父從軍的花木蘭和緬甸的諾貝爾和平獎得主翁山蘇姬吧，其他十張都是無關重要的小人物。我們把這十二張牌排起來，讓紅心和方塊Queen放在3、8這兩個位置，然後請觀眾用「蒙日洗牌」來洗牌，洗多少次都可以[8]，牌洗好後，魔術師把整疊牌放在背後，數了一下，就把花木蘭和翁山蘇姬找出來了。這套魔術的奧妙是：不管經過多少次「蒙日洗牌」，這二張牌始終停在這兩個位置。至於，哪張牌在第3個位置，哪張牌在第8個位置就請讀者把答案找出來吧！

---

8. 洗牌10次，所有的牌就會回到原來的順序。

股票紅利

讓我介紹一套叫做「股票紅利」的魔術。

魔術師從口袋裡掏出一把十元的硬幣，他先分給三位觀眾一些投資的資本，一位1個硬幣，一位2個硬幣，一位3個硬幣，用來買股票的股本，剩下的硬幣就堆放在桌子中間。接著，魔術師拿出三個信封，裡面放著三家公司的股票，一個信封裡放的是一張股王的股票，另一個放的是一張股后的股票，第三個放的是一張可以用來當壁紙的股票；您們憑運氣各選一個信封。

魔術師說：「我先出去！拿到股王股票的投資人，按照您手上的現金從中間那一堆硬幣拿四倍回家；拿到股后股票的投資人，按照您手上的現金從桌子中間的硬幣拿兩倍回家；拿到可以當壁紙股票的投資人，從桌子中間的硬幣拿一倍回家。」

接著，魔術師回來了，就一一指出，誰拿到股王，誰拿到股后，誰拿到壁紙的股票。為什麼？一開始，魔術師一共有24個硬幣，把1個、2個、3個一共6個硬幣分給三位觀眾，當成

股本之後，剩下來18個硬幣，當三位投資人按照他們手上的股票把應得的紅利拿回後，剩下來的硬幣數目就足以告訴魔術師誰分到哪種股票了。我們可以列一個表來驗證：

股　本			紅利總數	剩　餘
1	2	3		
1	4	12	17	1
2	2	12	16	2
1	8	6	15	3
2	8	3	13	5
4	2	6	12	6
4	4	3	11	7

　　推而廣之，一開始一共有80個硬幣、四位投資人，各拿1個、2個、3個、4個硬幣作為投資股本，四張股票紅利的分派是：一張分16倍、一張分4倍、一張分1倍、一張什麼都不分，在24個不同的方法把四張股票分給四位投資者，他們拿到紅利之後，剩下來的硬幣的數目是不同的，我們可以列一個表來驗證。

股　本				紅利總數	剩　餘
1	2	3	4		
0	2	12	64	78	2
0	2	48	16	68	12
0	8	3	64	75	5
0	8	48	4	60	20
0	32	3	16	51	19
0	32	12	4	48	32
1	0	12	64	77	3
1	0	48	16	65	15
1	8	0	64	73	7
1	8	48	0	57	13
1	32	0	16	49	31
1	32	12	0	45	35
4	0	3	64	71	9
4	0	48	4	56	24
4	2	0	64	70	10
4	2	48	0	54	26
4	32	0	4	40	40
4	32	3	0	39	41
16	0	3	16	35	45
16	0	12	4	32	48
16	2	0	16	34	46
16	2	12	0	30	50
16	8	0	4	28	52
16	8	3	0	27	53

聰明的讀者馬上又想到進一步的推廣：五位投資人，各拿1、2、3、4、5個硬幣，五張股票的紅利分派是16倍、8倍、4倍、2倍及1倍。但是，這個明顯的推廣行不通，因為有兩個不同的股票分配方法，五位投資人的紅利總和是一樣的，因此，剩下來的硬幣也是一樣，魔術師也就無法判斷股票是如何分配的了。有興趣的讀者可以找出兩個不同的股票分配方法，而紅利的總和是一樣的例子。

這時，各位就可以回頭想到，前面有四位投資人的時候，我們不選四張股票要分派8倍、4倍、2倍及1倍的紅利。因為這也遇到同樣的問題，有兩個不同的股票分配方法，四位投資人的紅利總和是一樣的。

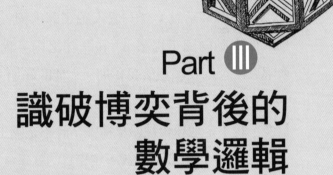

Part **III**

識破博奕背後的
數學邏輯

機率是什麼？

　　有一則笑話說：有一個人犯了罪，國王正在考慮怎樣判刑，他主動向國王提議：「在一年之內，我可以教一隻豬學會唱歌，否則我願意接受死刑。」他的好朋友聽了大吃一驚：「你豈不是自找死路嗎？」他回答：「一年之內可能發生的事情很多，說不定地球會被隕星撞毀？說不定國王會重病身亡？說不定我會被汽車撞倒？也說不定豬真的就學會了唱歌？」

用過去的經驗估算未來

　　愛因斯坦說過：「任何描述現實的數學公式和定理，都含有一個不確定的因素，否則它們描述的就不是現實。」在日常生活裡，我們常常會聽到許多有關不確定性的話：「出門不要忘了帶傘，下午很可能會下雨」、「至於這支股票明天會漲還是跌呢？那就難說了」、「如果這臺電視機在保用期三年之內壞掉，我就揹著它登上阿里山」。這些話都是對未來可能發生之事的猜估，但是，這樣的形容說法未免太模糊籠統，所以科學

家們就提出「機率」（probability）這個觀念，來做更精確的陳述。

　　機率是一個從0到1的數字，機率愈大，代表一件事情發生的可能性愈高，所以我們會說「今天下午下雨的機率是0.8」，0.8代表很可能，「這支股票明天上漲的機率是0.52」，0.52代表不一定，「這臺電視在三年之內壞掉的機率是0.002」，0.002代表非常不可能。我們會接下去問，那麼這些數字是哪裡來的？有人說那是經過數學的計算、物理的實驗得出來的，也有人說那是講者憑個人經驗、直覺甚至是幻想得出來的。更精準一點，機率的數值有來自客觀的計算和觀察，就是「客觀的機率」（objective probability）；有來自主觀的判斷，就是「主觀的機率」（subjective probability），

　　遠在1814年，法國數學家拉普拉斯（Pierre-Simon Laplace）提出被認為是「機率」這個觀念的古典定義，他說：「假如一個事情有若干個同樣可能的結果，那麼期待結果的數目除以所有可能結果的數目，就是期待的結果會出現的機率。」簡單的例子是擲一個銅板有兩個同樣可能的結果，正面和反面，如果期待的結果是正面，那麼機率是1/2。擲一顆骰子有六個同樣可能的結果，如果期待的結果是1點，那麼機率是1/6，如果期待的結果是紅色（1點和4點），那麼機率是2/6 = 1/3。

　　但是「同樣可能的結果」這個觀念，往往是不容易精準地斷定。在擲銅板的例子裡，正面和反面是同樣可能的結果；在擲骰子的例子裡，1、2、3、4、5、6是同樣可能的結果，可以說是來自客觀地分析銅板和骰子的物理結構和性質，那就是「客觀的機率」。但是在沒有辦法做出精準的、客觀的分析來決定客觀的機率的時候，就只好憑經驗或者直覺來做決定，那就是「主觀的機率」。

　　因此，數學家提出主觀的機率裡最重要的定義，也是現在最常用的定義：「頻率論的機率」（Frequency probability）那就是用頻率來決定的機率。如果擲一個銅板一千次，其中有502次結果是正面，那麼正面的機率是502/1000 = 0.502，我們他往往主觀地把機率判定為0.5。如果擲兩顆骰子一萬次，其中有1667次兩顆骰子的點數和是7，那麼點數和等於7的機率是1667/10000，差不多是1/6。換句話說，假如一件事情發生了n次，其中有n_1那麼多次得到期待的結果，那麼期待的結果會出現的機率是n_1/n，當n趨於無窮大的時候，n_1除以n的數值，就是頻率論的機率。

　　不過，在實際的計算裡，我們不能無窮大地去做一件事情，因此也只以n是一個很大的數值時的結果，作為一個近似的估計，例如我們測試了一萬個燈泡，其中有兩個在連續使用

1000小時後就壞掉了，我們就設定一個燈泡在連續使用1000小時後壞掉的機率是2/10000＝0.0002。

頻率論的機率可說是用過去的經驗來估算未來的行為，正是《戰國策》說的「前事不忘，後事之師」之意。

至於股市上升的機率、單場運動比賽勝負結果的機率，那就不能用頻率來決定，只能靠專家憑經驗和直覺來判斷，那也就是「主觀的機率」。

從賠率算出的必勝賭盤

　　主觀的機率來自一個人的經驗、訓練、直覺，甚至情緒因素，不但沒有辦法計算，甚至會因人而異。但是，從科學的觀點來說，在沒有足夠的數據和資料可讓我們客觀地決定一件事情發生的機率時，我們會主觀地作一個估算，更重要的，這個估計可以按照新的資料來做調整，增加估算的準確度。

　　讓我們看一些簡單的個例子，比方晚上出門忘了鎖門，家裡遭小偷的機率是5%，這個機率並無法從頻率論的觀點來決定，因為嚴格來講，這是單一事件，也許從來沒有發生過，也許只發生過一次，頂多我們只能從以住家附近的環境安全條件，再加上一年內竊案的數目，來幫助我們做一個主觀的估計而已；至於說這支股票明天漲停板的機率是75%，那也只是股市名嘴按照個人經驗、加上公司資料，或是再加上整個股市的走勢甚至全世界的政治、經濟情形而估計出的主觀機率而已。

穩賺不賠的運動博彩下注法

美國職業籃球協會NBA今晚有一場火箭隊對湖人隊的比賽，運動博彩的莊家開出來的賭盤是：賭火箭隊勝，賠率是1：1；賭湖人隊勝，賠率是3：1。賠率1：1就是你賭一塊錢，火箭隊勝了，賠你一塊錢；賠率1：3就是你賭一塊錢，湖人隊勝了，賠你三塊錢。首先，賠率是由莊家主觀判斷之「勝的機率」換算過來的。賠率和「勝的機率」互換的公式是：

$$勝的機率 = \frac{1}{賠率 + 1}$$

也就是

$$賠率 = \frac{1}{勝的機率} - 1$$

例如：火箭隊勝的賠率是1，因此火箭隊勝的機率是

$$\frac{1}{1+1} = 0.5$$

同樣，湖人隊勝的賠率是3比1，湖人隊勝的機率是

$$\frac{1}{3+1} = 0.25$$

假如你下注一塊錢賭火箭隊勝，也下注一塊錢賭湖人隊勝，你一共下注兩塊錢，如果火箭隊勝了，你得回兩塊錢[1]，不

---

1. 得回的錢＝賭注 × 賠率＋賭注＝$\dfrac{賭注}{勝的機率}$

賺不賠，如果湖人隊勝了，你得回四塊錢，賺了兩塊錢，所以不管比賽的結果是如何，你都站在不敗之地。假如你下注一塊錢賭火箭隊勝，兩塊錢賭湖人隊勝，你一共下注三塊錢，如果火箭隊勝，你得回兩塊錢，賠了一塊錢，如果湖人隊勝，你得回八塊錢，賺了五塊錢。這樣看來，依照比賽的結果，你可能賺可能賠。但是，假如你下注0.5元賭火箭隊勝，0.25元賭湖人隊勝，你一共下注0.75元，如果火箭隊勝你得回一塊錢，如果湖人隊勝，你得回一塊錢，所以不管比賽的結果如何，你穩賺0.25元，這到底是怎麼一回事？

賭客的必勝方程式

讓我先講一個稍為複雜一點的例子：在一場賽馬的賭博裡，一共有四匹馬出賽，馬場開出每匹馬跑第一名的賠率分別是1：1、3：1、4：1和9：1，換句話說，馬場估計每匹馬跑第一名的機率分別是0.5，0.25，0.2和0.1，當然這些機率是專家甚至幾個不同的專家估計出來的主觀機率，那麼有沒有穩賺的下注方法呢？答案是沒有。但是，如果馬場開出來的賠率分別是1：、3：1、7：1、9：1，換句話說，馬場估計每匹馬跑第一名的機率分別是0.5、0.25、0.125和0.1，那麼有沒有穩賺的下注方法呢？答案是有。

讓我們作個分析：假設按照馬場的估計，每匹馬跑第一名的機率分別是 P_1、P_2、P_3、P_4，那麼牠們跑第一名的賠率分別是 $\frac{1}{P_1}-1$、$\frac{1}{P_2}-1$、$\frac{1}{P_3}-1$、$\frac{1}{P_4}-1$，如果我們下注第一匹馬 P_1 塊錢，第一匹馬跑第一名我們得回一塊錢；如果我們下注第二匹馬 P_2 塊錢，第二匹馬跑第一名我們得回一塊錢……。因此，如果我們同時下注第一匹馬 P_1 塊錢、第二匹馬 P_2 塊錢，第三匹馬 P_3 塊錢，第四匹馬 P_4 塊錢，換句話說，一共下注 $P_1+P_2+P_3+P_4$ 塊錢，不管哪一匹馬跑第一名，我們都得回一塊錢。因此，如果 $P_1+P_2+P_3+P_4<1$，我們就穩賺 $1-(P_1+P_2+P_3+P_4)$ 塊錢了。

換句話說，當馬場主觀地選擇每一匹馬跑第一名的機率的時候，如果選擇錯誤，$P_1+P_2+P_3+P_4<1$，那麼下注的人就會有穩賺不賠的下注方法。

賭盤是所有可能結果的賠率的總稱，荷蘭賭盤（Dutch Book）就是一個賠盤的某一方有一個穩賺不賠的策略。當馬場的專家主觀決定每一匹馬跑第一名的機率時，他必須確定 $P_1+P_2+P_3+P_4>1$，否則對賭客來說，那就是一個荷蘭賭盤。這一來，你說馬場應該大大降低賠率，也就是說讓 $P_1+P_2+P_3+P_4$ 遠大於 1，譬如說，一場四匹馬出賽的賠盤是第一和第二兩匹馬的賠率 1：1，第三和第四兩匹馬的賠率是 2：1，換句話說：

$$P_1 + P_2 + P_3 + P_4 = 0.5 + 0.5 + 0.33 + 0.33 = 1.67$$

這一來當然下注的人沒有穩贏的下注方法，但是對下注的人來說，這是對馬場太有利的賠率，因此也就興趣缺缺了。舉例來說，假如一個賭客對每一匹馬都下注一塊錢，他一共下注四塊錢，他只能拿回兩塊錢或者三塊錢。

馬場為何能穩贏不賠？

在現實的情景中，馬場有很多應對方法，如果您曾經親臨真實的馬場，就會知道賠率是不斷浮動的，馬場會按照所有賭客下注的情形機動調整賠率，原因就是避免出現穩賺不賠的荷蘭賭盤。

比方，如果賭客們對每一匹馬總共下注分別是a_1、a_2、a_3、a_4，那麼馬場收到的總投注是$a_1 + a_2 + a_3 + a_4$，讓我們稱它為T，馬場先從總投注T裡抽出10%作為利潤，剩下0.9T，馬場就把賠率調整，讓每匹馬勝出的機率P_1、P_2、P_3、P_4分別等於 $\dfrac{a_1}{0.9T}$、$\dfrac{a_2}{0.9T}$、$\dfrac{a_3}{0.9T}$、$\dfrac{a_4}{0.9T}$，首先$P_1 + P_2 + P_3 + P_4$等於 $\dfrac{1}{0.9} = 1.11$，所以賭客不可能有一個穩賺的下注法。

至於馬場呢？首先站在馬場的立場，不管哪一匹馬跑出第一名，馬場要付出的總金額是0.9T（那才真是穩賺不賠）。

　　從這些例子，我們看到兩個重要的觀念：

　　第一、主觀的機率設定必須滿足某些規範這些機率的條件。

　　第二、主觀的機率可以隨著新的資料來調整以達到預設的目的。

　　當然，以上只是一個單純的例子，真正的賭盤還有各式各樣的賭法，比方在籃球比賽中除了賭勝負之外，還有賭兩隊得分的和或差、上半場領先或者落後等可能，每一個可能都要列出相對的賠率。在馬賽裡，除了賭哪一匹馬跑第一之外，還有賭哪一匹馬跑第二或者第三，以及賭三匹馬跑第一、第二、第三的次序，或是賭合併兩場馬的結果等，每一個可能也要列出相對的賠率，因此每一個可能的賠率都必須很小心地決定，避免出現賭客穩贏的荷蘭賭盤，也保證賭場會有固定、但是不致過高的利潤。

獨立事件的機率

有一位同事每天必定穿一件（絕對只穿一件）襯衫上班，他穿白襯衫上班的機率是多少呢？這是一個「獨立事件」的機率。

如何預測同事的服裝搭配？

穿白襯衫的問題，可以這樣來表示：用 A 代表一個事件，用 $P(A)$ 代表 A 發生的機率；用 B 代表一個事件，$P(B)$ 代表 B 發生的機率，那麼，A 或 B 發生機率是多少？A 和 B 都發生的機率是多少？要回答這兩個問題，我們得先瞭解「獨立事件」這個觀念：A 和 B 被稱為獨立事件，如果 A 發生，不會改變 B 發生的機率，如果 B 發生，不會改變 A 發生的機率，在這個前提之下，A 和 B 都發生的機率用 $P(A \cap B)$ 來代表，等於 $P(A) \times P(B)$；A 或 B 發生的機率用 $P(A \cup B)$ 來代表，等於 $P(A) + P(B) - P(A \cap B)$。在 A 和 B 不可能同時發生這個特例中 $P(A \cap B) = 0$，因此 $P(A \cup B) = P(A) + P(B)$。

　　若這位同事每天穿白襯衫上班的機率是0.5，穿藍襯衫上班的機率是0.3，穿其他顏色襯衫上班的機率是0.2，因為他每天一定只穿一件襯衫上班，0.5＋0.3＋0.2＝1表示所有的可能都已經包括在內了。

　　我們也可以進一步推算襯衫搭配褲子的機率：比方，他穿黑褲子上班的機率是0.6，穿灰褲子的機率是0.3，穿其他顏色褲子的機率是0.1。那麼他穿白襯衫、黑褲子上班的機率就是0.5×0.6＝0.3。在這裡有一個重要的前提：那就是假設他選擇襯衫和選擇褲子是兩件獨立、不相互影響的事，因此這兩件事情都會發生的機率，就是各自單獨發生的機率相乘的結果。

　　他穿白襯衫或者黑褲子上班的機率呢？那就是0.5＋0.6－0.5×0.6＝0.8；穿白襯衫或者藍襯衫上班的機率呢？那就是0.5＋0.3＝0.8。

算算飛機上有炸彈的機率

　　讓我用幾個簡單的例子來進一步解釋這些觀念。最簡單的機率遊戲是擲銅板，擲銅板有兩個可能的結果，正面和反面，一個正常的銅板，正面出現的機率是1/2，反面出現的機率也是1/2，賭博的規則是下注的人押正面或者反面，押對就贏了，押錯就輸了。一個簡單的問題是，假如正面一連出現了十次，那

麼第十一次應該押什麼呢？有人說那當然是押反面了，為什麼呢？他說第一次正面的機率是 1/2，第一次和第二次都是正面的機率是 1/2×1/2，第一次、第二次和第三次都是正面的機率是 1/2×1/2×1/2，所以一連十一次都是正面的機率是 $(1/2)^{11}$，等於 0.00049，那是很小很小的機率，所以第十一次是正面的可能是微乎其微。但這是錯誤的推論。因為，每次擲銅板都是一件獨立的事情，前十次都是正面並不會影響第十一次是正面或者是反面的機率，換句話說，雖然十一次都是正面的機率很低，但是前十次都已經過去了，第十一次是正面還是反面的機率仍然是各為 1/2、1/2。

有個邏輯和上述例子相同的笑話，有人去坐飛機，行李帶了一個炸彈，別人問他為什麼？他說老師在機率的課堂裡說過，飛機上，一位乘客是恐怖分子帶一顆炸彈上飛機的機率是百萬分之一，兩位乘客各帶一顆炸彈上飛機的機率是百萬分之一乘百萬分之一，就是一兆分之一。現在我帶了一顆炸彈，另一個乘客帶一顆炸彈上飛機的機率就從百萬分之一降低到一兆分之一了。這也是錯誤的推論，因為每一個乘客帶炸彈上飛機是一件獨立的事情，他帶一顆炸彈上飛機，並不影響別的乘客帶一顆炸彈上飛機的機率，所以另外一個乘客也帶一顆炸彈上飛機的機率還是百萬分之一。

為什麼賭客愛玩擲骰子遊戲？

讓我們看一個相似的例子，若擲一顆骰子一連十次，在這十次之中只要「1」點出現一次，我們就贏了，請問贏的機率是多少呢？擲一顆骰子十次，「1」點都不出現的機率是 $(5/6)^{10}$ = 0.1615，所以，「1」點最少出現一次的機率是 $1 - (5/6)^{10}$ = 0.8385，那是相當大的機率。

假如我們擲了第一次，「1」點並沒有出現，請問「1」點在第二次出現的機率是多少呢？請問「1」點遲早還會出現的機率是多少呢？既然在十次裡，「1」點出現的機率很高，如果第一次沒有出現，那麼在第二次出現或者遲早會出現的機率應該會增加吧！錯了！那又是心理上的錯覺。不管「1」點在第一次有沒有出現，在第二次出現的機率是獨立的，還是 1/6。至於「1」點在剩下來的九次裡出現了機率不是增加，反而降低了，因為我們只剩下九次擲骰子的機會，機率也降到 $1 - (5/6)^{9}$ = 0.8062。同樣，假如「1」點在第一次和第二次都沒有出現，「1」點遲早還會出現的機率降低到 $1 - (5/6)^{8}$ = 0.7674，換句話說，前面「1」點沒有出現，「1」點在後面出現的機會是逐漸降低的，因為我們剩下來的機會愈來愈少了。

讓我講一個比較複雜的例子，那是在賭場裡很受歡迎的「擲骰子」（craps）的遊戲。首先，擲兩顆骰子有 6×6 ＝ 36 個同

樣可能的結果，把兩顆骰子的點數加起來的和會是2, 3, 4……, 10, 11, 12，如果期待的和是2，那麼只有1個期待的結果，兩顆骰子都是1點，因此和等於2的機率是1/36；如果期待的和是3，那麼有兩個期待的結果，兩顆骰子是1和2、2和1，因此和等於3的機率是2/36 = 1/18；同樣如果期待的和是4，那麼有3個期待的結果，1和3、2和2、3和1，因此和等於3的機率是3/36 = 1/12；機率最高的是期待的和是7，一共有6個期待的結果，1和6、2和5……，因此和等於7的機率是6/36 = 1/6。

把這些機率算出來之後，讓我告訴你遊戲的規則：首先，那是一對一的賭博，換句話說，賭客下注一塊錢贏了莊家賠一塊錢，當你第一次擲的時候，如果和是7或者11，你就贏了，因此贏的機率是6/36 + 2/36 = 2/9 = 0.2222，遊戲就結束了，你贏了一塊錢；

如果和是2、3或者12，你就輸了，因此輸的機率是1/36 + 2/36 + 1/36 = 1/9 = 0.1111，遊戲也就結束了，你的一塊錢也就輸掉了；但是如果和是4、5、6、8、9、10、11，那麼遊戲就繼續下去：譬如說和是5，那你就再擲，如果和是5再出現，你就贏了，如果和是7出現，你就輸了，否則又再繼續擲下去。

讓我們先從直覺來分析，這個遊戲，第一次擲的時候，你贏的機率是2/9，輸的機率是1/9，繼續的機率是6/9 = 2/3，所

以第一次擲的時候，你是占優勢的，可是如果第一次擲沒有贏輸的結果的話，接下來，因為和等於7的機率大於其他的和的機率，所以莊家就占優勢了，那麼到底你贏的機率是多少呢？

以第一次擲出來的和是5為例子，首先，第一次擲出來的和等於5的機率是4/36，因為和等於5有4個期待的結果，繼續擲下去，在36個可能的結果裡，只有10個結果是與贏輸有關的，有4個結果和是5，你就贏了，有6個結果和是7，你就輸了，所以如果第一次擲出來的和是5，繼續擲下去到決定贏輸為止，你贏的機率是4/10，輸的機率是6/10。

因此，贏的機率是：

第一次擲的結果	贏的機率
2	0
3	0
4	$\dfrac{3}{36} \times \dfrac{3}{3+6}$
5	$\dfrac{4}{36} \times \dfrac{4}{4+6}$
6	$\dfrac{5}{36} \times \dfrac{5}{5+6}$
7	$\dfrac{6}{36}$
8	$\dfrac{5}{36} \times \dfrac{5}{5+6}$

第一次擲的結果	贏的機率
9	$\dfrac{4}{36} \times \dfrac{4}{4+6}$
10	$\dfrac{3}{36} \times \dfrac{3}{3+6}$
11	$\dfrac{2}{36}$
12	0

贏的結果加起來是0.492929。

這個結果也解釋了在賭場裡，為什麼很多人喜歡玩「擲骰子」遊戲，因為它的贏輸機率非常接近，但是，只要賭客贏的機率小於0.5，遲早他還是會輸光，而如果賭客贏的機率大於0.5，賭場是絕對不會和你玩這種遊戲的。

讓人驚訝的是，遠在十一、十二世紀擲骰子這個遊戲的雛型已經出現了，當然規則逐漸在改變，而且在尚未建立與機率有關的數學觀念前就有，這個規則相當簡單、也是相當吸引人的遊戲，雙方贏輸的機率算出來，竟是如此接近，也真是不簡單。

預測黑白撲克牌的另一面

一位工程師、一位物理學家、一個數學家和一位統計學家，一起去蘇格蘭旅行，他們坐在火車上，看到窗外草原上一

隻黑色的綿羊，工程師說：「蘇格蘭的綿羊都是黑色的。」物理學家說：「你怎麼能這樣說呢？你只能說在蘇格蘭有一隻黑色的綿羊。」，數學家說「你怎麼能這樣說呢？你只能說在蘇格蘭有一隻綿羊，牠的一邊是黑色的。」統計學家問：「那麼這隻綿羊的另一邊也是黑色的機率是多少呢？」

　　當然，我們無法回答統計學家的問題，但是卻可以回答一個相似的問題：如果我們有三張撲克牌，一張兩面都是黑色的，一張一面是黑色一面是白色，另一張兩面都是白色，我們從這三張牌裡抽出一張，這張牌的一面是黑色，請問，它另外一面也是黑色的機率是多少？

　　也許有人會說，既然你已經知道抽出來這張牌有一面是黑色，那就不可能是兩面都是白那張牌，所以抽出來這張牌可能是兩面都是黑色那張牌，也可能是一面是黑色一面是白色那張牌，所以另一面也是黑色的機率0.5，聽起來似乎有理，但是，這個答案是錯的。

　　讓我們謹慎一點來分析這個問題，在三張牌裡抽出一張，再在這張牌的兩面選出一面翻過來，就等於在三張牌的六面裡選出一面翻過來，所以任何一面被選出來的機率是1/6，當我們已經知道選出來那一面是黑色，那麼這一面是來自兩面都是黑色那張牌的機率是來自一面黑色一面白色那張牌的機率的兩

倍，所以答案是另一面是黑色的機率是2/3。

老二是男孩的機率有多大？

　　有趣嗎？那麼再來看另一道相似的題目：一個家庭有兩個小孩，其中一個是男孩，請問另一個也是男孩的機率是多少？這個題目聽起來很簡單，卻有幾個不同的答案，原因是這個題目有幾個不同的解釋，如果我們把題目解釋為家庭有兩個小孩，老大是男孩，請問老二也是男孩的機率是多少？我們假設每個小孩性別決定是獨立事件，所以不管老大是男孩，還是女孩，老二是男孩的機率是1/2。

　　這個題目的另一個解釋是，有兩個小孩的家庭，可以按照小孩的性別分成四類，男男、男女、女男、女女代表有兩個小孩的家庭老大和老二的性別，如果我們隨機選出一個家庭去問這個家庭的媽媽，她說她家裡有一個男孩，那麼這個家庭一定屬於男男，或者男女，或者女男這三類，所以另一個小孩也是男孩的機率是1/3。這個題目還有另一個解釋是，我們隨機選出一個家庭，再在這個家庭裡隨機選出一個小孩，這個小孩是男孩，請問另一個也是男孩的機率是多少？這個版本可以用上面講過的撲克牌的模型來解釋，我們有四張牌，一張的兩面是男男，一張的兩面是男女，一張的兩面是女男，一張的兩面是女

女，如果我們在這四張牌裡頭抽出一張，然後再翻出其中一面是男，請問另一面也是男的機率是多少？和上面一樣，這四張牌有八面，如果我們抽出其中的一面是男，那麼我們抽出男男那一張牌的機率是1/2，抽出男女那張牌的機率是1/4，抽出女男那張牌的機率也是1/4，所以另一面也是男的機率是1/2，換句話說，另一個孩子也是男孩的機率是1/2。

何先生的三門猜獎習題

多年以前，美國有一個電視猜獎節目Let's Make a Deal，主持人蒙提・霍爾（Monty Hall，以下簡稱何先生）經常在節目中對參加猜獎的觀眾，提出後來非常有名的「三門習題」（Monty Hall problem，又稱為「蒙提霍爾問題」）。在何先生的節目裡，舞臺上有三道門，一道門後面是大獎，一輛賓士汽車，另外兩道門後面是安慰獎，一輛腳踏車，何先生在現場選出一位觀眾，讓他在三道門裡選一道，選定之後，就可以得到門後面的獎品。

在節目中，當這位觀眾選了一道門之後，譬如說第一道門，在打開這道門之前，何先生會玩一個花樣，他會打開第二道門，在第二道門後的是一輛腳踏車，這時，何先生就問這位觀眾：「您已經選了第一道門，我也讓您看到第二道門後是一

輛腳踏車，現在我提供您一個機會，您可以放棄第一道門，改選第三道門，請問您要不要改選？」

這個問題聽起來簡單，卻引起許多爭議，包括許多數學教授在內都紛紛加入討論，有人說一定要改選，有人說改選不改選沒有差別。

之所以會有爭議，原因是大家沒有弄清楚一個前提：何先生自己知不知道賓士汽車是在哪一道門後面。在何先生是知道的這個前提之下，如果賓士汽車是在第一道門的後面，何先生就隨便打開第二道或者第三道門，讓這位觀眾看到一輛腳踏車，如果觀眾改選，就吃虧了。但如果賓士汽車是在第二道門後面，何先生會打開第三道門，如果賓士汽車在第三道門後面，何先生會打開第二道門，在這兩種情形之下，改選就會得到大獎了，所以結論是採用不改選的策略的話，得到大獎的機率是1/3，採用改選的策略的話，得到大獎的機率是2/3。

這個答案可以從另一個觀點來解釋，如果採用改選的策略，這位觀眾等於是在三道門裡選了兩道門，譬如說，這位觀眾猜想大獎是在第二道門或者第三道門後面，他就先選第一道門，等何先生開了一道背後是一輛腳踏車的門之後，他就改選，那麼只要大獎是在第二道或者第三道門的後面，他都會得到大獎。

但是，在何先生根本不知道賓士汽車在哪一道門後面的前提之下，當這位觀眾選了第一道門之後，何先生就打開第二道門，如果賓士汽車在第二道門後面，何先生就趁勢收場，「您選錯門了，遊戲結束」；如果何先生打開第二道門，看到的是一輛破爛的腳踏車，那麼賓士汽車在第一道門後面和在第三道門後面的機率都是 1/2，改選不改選沒有差別。

先釐清問題，再善用已知

從這幾個例子，我們得到一個教訓：必須把題目的涵意弄清楚，以及正確地善用已知的部分資訊。有時直覺會告訴我們正確的答案，但是數學上的計算才是最可靠的。

受事件先後影響的機率

在前面提過的例子裡，有一個人每天穿白襯衫上班的機率是0.5，穿藍襯衫上班的機率是0.3，穿其他顏色襯衫上班的機率是0.2；還有，他穿黑褲子上班的機率是0.6，穿灰褲子上班的機率是0.3，穿其他顏色的褲子上班的機率是0.1。在那個例子裡，我們假設襯衫的選擇和褲子的選擇是兩件獨立、不相互影響的事件。

互有影響的褲子襯衫搭配機率

現在，讓我把問題變得複雜一點，假設他先選了襯衫，在選定了襯衫之後，他選褲子的顏色的機率和已經選好的襯衫的顏色是有關聯的，換句話說，襯衫的選擇和褲子的選擇不再是兩個獨立事件。譬如說：如果他選擇了白襯衫，他選黑褲子的機率是0.7，選灰褲子的機率是0.2，選其他顏色褲子的機率是0.1；但是如果他選了藍襯衫，他選黑褲子的機率是0.3，選灰褲子的機率是0.5，選其他顏色褲子的機率是0.2，這些機率都叫

做「條件機率」（Conditional Probability）。

讓A和B代表兩個事件，P(A)代表A發生的機率，P(B)代表B發生的機率，但是A和B不是獨立事件，那麼如果A發生了，B發生的機率就不再是P(B)，我們用P(B|A)代表A發生了之後B發生的機率；同樣，如果B發生了，A發生的機率也不再是P(A)，我們用P(A|B)代表B發生了之後A發生的機率。在上面的例子裡，讓A代表穿白色襯衫，B代表穿黑色褲子，那麼，P(A) = 0.5，P(B) = 0.6，P(B|A) = 0.7。

用貝氏定律算林書豪被交易的機率

讓我們再看一個例子，今天晚上美國職業籃球聯盟有一場比賽，火箭隊對湖人隊，而且有一個傳言，林書豪會被火箭隊交易到尼克隊去。讓我們用A代表火箭隊勝這一個事件，用P(A)代表火箭隊勝的機率，譬如說P(A) = 0.6；用B代表林書豪被送到尼克隊去這一個事件，用P(B)代表林書豪被火箭隊交易到尼克隊的機率，譬如說P(B) = 0.3。當我們確定林書豪要被送到尼克隊去，這會影響今天晚上火箭隊勝利的機率，因此我們會調整P(A)的數值，譬如說會從原來的0.6下修為0.4，也就是P(A|B) = 0.4；同樣，當我們確定火箭隊勝出了，我們會調整林書豪被送到尼克隊的機率，譬如說會從原來的0.3下修為0.2，

也就是 $P(B|A) = 0.2$。

P(A)和P(B)叫做「事前機率」（Prior Probability），P(A|B)和P(B|A)叫做「事後機率」（Posterior Probability）。說得更清楚一點，P(A)和P(A|B)是在B發生以前和以後A會發生的機率，P(B)和P(B|A)是在A發生以前和以後B會發生的機率。

講到這裡，憑直覺大家會想到，P(A)、P(B)、P(A|B)和P(B|A)也就是0.6、0.3、0.4、0.2這四個數值，彼此之間是有一個相連關係的，這個關係基於一個看起來非常簡單，但是應用非常廣的公式叫做「貝氏定理」（Bayes Theorem），貝氏定理是遠在十八世紀由一位英國數學家，也是一位牧師貝葉斯（Thomas Bayes）提出的，這個定理說：

$$P(A)P(B|A) = P(B)P(A|B)$$

也就是

$$P(A|B) = \frac{P(B|A)P(A)}{P(B)}$$

在上面的例子裡 $P(A) = 0.6$，$P(B|A) = 0.2$，$P(A)P(B|A) = 0.12$，$P(B) = 0.4$，$P(A|B) = 0.3$，$P(B)P(A|B) = 0.12$。

首先，讓我交代貝氏定理是怎樣來的呢？那是用兩個不同的方法去算A和B兩個事件都發生的機率，也就是火箭隊勝

出，而且林書豪被交易送到尼克隊去的機率。方法不同，結果當然是一樣的；要算A和B的兩個事件都發生的機率，一個算法是可以先決定A會發生的機率，再決定知道A會發生後，B會發生的機率，就是P(A)×P(B|A)；另一個算法是，我們也可以先決定B會發生的機率，再決定知道B會發生後，A會發生的機率，那就是P(B)×P(A|B)，因此貝氏定理說P(A)P(B|A) ＝ P(B)P(A|B)。

按照貝氏定理，假如我們知道這四個數值裡其中任何三個，我們可以把第四個算出來，譬如說，我們知道火箭隊勝的機率P(A) ＝ 0.6，我們也知道林書豪被送到尼克隊的機率P(B) ＝ 0.3，假如我們估計如果林書豪被送到尼克隊去，火箭隊勝出的機率就會從0.6降低到0.4，也就是P(A|B) ＝ 0.4，那麼按照貝氏定理，我們算出來P(B|A)等於（0.3×0.4/0.6），即等於0.2，換句話說，如果火箭隊勝出，林書豪被送到尼克隊的機率也就從0.3降到0.2了。

罹患乳癌的機率怎麼算？

按照統計的數據，四十歲以上的女性，每1000個裡，有14個會患乳癌，換句話說，用A代表一個四十歲以上的女性患乳癌這個事件，那麼P(A) ＝ 0.014。用X光檢查乳癌的可能是醫學

上相當普遍的一個做法，按照統計每1000個女性做X光檢查，有100個的結果是肯定的（肯定表示有乳癌），用B代表一個四十歲以上的女性做X光檢查結果是肯定的這個事件，那麼，P(B) = 0.1。

光從直覺來看P(A) = 0.014，P(B) = 0.1這兩個數字，我們會說，X光檢查是相當籠統的，因為在1000個人中只有14個人患乳癌，但是X光檢查有100個人的結果是肯定。不過，讓我們比較仔細一點地分析，按照統計，一個患有乳癌的病人，用X光檢查得到肯定的結果的機率是0.75，換句話說P(B|A) = 0.75，那麼根據貝氏定理：

$$P(A|B) = \frac{P(A) \times P(B|A)}{P(B)} = \frac{0.014 \times 0.75}{0.1} = 0.105$$

換句話說，如果X光檢查的結果是肯定的話，病人的確患乳癌的機率只是0.105，這個數字比一般直覺的估計低很多。

假如我有全部的資料，把它攤開來：1000個人裡有14個人患乳癌，剩下來是986人沒有患乳癌，用X光檢查的結果有四個可能：

患乳癌而且檢查的結果是肯定的，有10.5個人

患乳癌而且檢查的結果是否定的，有3.5個人，

沒有患乳癌而檢查的結果是肯定的，有89.5個人

沒有患乳癌而檢查的結果是否定的，有896.5個人

那麼，所有的機率就都可以直接算出來了：

$$P(A) = \frac{10.5 + 3.5}{1000} = 0.014$$

$$P(B) = \frac{10.5 + 89.5}{1000} = 0.100$$

$$P(B|A) = \frac{10.5}{10.5 + 3.5} = 0.75$$

$$P(A|B) = \frac{10.5}{10.5 + 89.5} = 0.105$$

貝氏定理可以用來從已知的事前機率算出未知的事後機率，更重要的是，在有更多新資訊的情形之下，事後機率又可以被視為新的事前機率，再用貝氏定理算出新的事後機率。

在我們上面的例子，P(A) = 0.014是一位四十歲以上的女性患乳癌的事前機率，P(A|B) = 0.105是四十歲以下、X光檢查結果為肯定的女性患乳癌的機率。為了避免符號上的混淆，我們用C代表X光檢查的結果是肯定而且的確患了乳癌這個事件，P(C)代表這個事件發生的機率，也就是說，P(C) = P(A|B)

＝ 0.105。假設一位 X 光檢查結果是肯定的女性去做一次血液檢查，那麼我們怎樣分析血液檢查的結果呢？用 D 代表一位四十歲以上的女性做血液檢查結果是肯定的這個事件，用 P(D) 代表這個事件發生的機率，譬如說 P(D) ＝ 0.2，換句話說，每 100 個四十歲以上的女性檢血的結果有 20 個是肯定的。假設我們知道 P(D|C) ＝ 0.9，那就是說一個患有乳癌而且經過 X 光檢查確定的人，檢血的結果是肯定的機率是 90%，那麼：

$$P(C|D) = \frac{P(C) \times P(D|C)}{P(D)} = \frac{0.105 \times 0.9}{0.2} = 0.4725$$

換句話說，如果血液檢查的結果是肯定的話，那麼用 X 光檢查的結果是肯定而且的確患乳癌的機率是 0.4725，在這裡我們又看到 P(C) 是事前的機率，P(C|D) 是事後機率之間的關係。（此處的事前、事後是指血液檢查前或後）讓我在這裡指出兩個要點：

第一、許多人會誤解「X 光檢查結果是肯定的話，患乳癌的機率只有 0.105」那句話，以為那就不必做 X 光檢查了，這個誤解忘記了 X 光檢查以前，患乳癌的機率是 0.014，X 光檢查的準確率是 75%（14 個人患乳癌的人有 10.5 個人的檢查結果是肯定的），因此如果 X 光檢查結果是肯定的話，患乳癌的機率提高到 0.105，再加上血液檢查的準確率是 0.9，所以兩個檢查的

結果都是肯定的話，患乳癌的機率就從0.014提高到0.4725。

第二、我的數據只是合理而不是真正的統計數字的數據，只能當作教科書上的例子來看。

讓我們倒過來，先做血液檢查，然後做X光檢查，讓A代表四十歲以上的女性患有乳癌這個事件，P(A)是這個事件發生的機率，我上面講過P(A) = 0.014；讓D代表驗血結果是肯定這個事件，P(D) = 0.2；我們知道P(D|A)，那就是患乳癌的病人經由血液檢查結果是肯定的機率是0.9，那麼根據貝氏定理我們可算出：

$$P(A|D) = \frac{0.014 \times 0.9}{0.2} = 0.063$$

也就是說先做血液檢查，如果血液檢查的結果是肯定的話，患乳癌的機率只是6.3%。如果血液檢查的結果是肯定的話，再做X光檢查，讓E代表血液檢查結果是肯定而且的確患了乳癌這個事件，也就是說P(E) = P(A|D) = 0.063。同時，P(B) = 0.1，P(B|E) = 0.75，

$$P(E|B) = \frac{0.063 \times 0.75}{0.1} = 0.4725$$

可見，先做X光檢查後再做血液檢查，或者是先做血液檢查後做X光檢查，如果兩個結果都是肯定的話，那麼患乳癌的

機率都是0.4725，換句話說，檢查的先後次序是沒有分別的。

再看統計數據，在1000人中有14個人患乳癌，但是根據X光檢查有100人的結果是肯定的，血液檢查有200人的結果是肯定的，我們可以看出，兩個檢查都是採取寧枉勿縱的態度，換句話說，把有病的門檻定得比較低，而且相對來說，血液檢查有病的門檻又比X光檢查有病的門檻還要低。

看醫生划不划算？

講到這裡，我們只把診斷的結果講完，接下來的問題是，當我們知道了診斷的結果，我們要採取什麼行動，這就是「決策論」中有了資訊後，該怎樣下決定的問題了。讓我們就用X光檢查的結果是肯定的作為資訊，我們的決策是去看醫生，還是不去看醫生，當然，去醫生和不看醫生代價除了費用之外，還包括工作、生活及壽命的影響。讓我們假設：

1. 患有癌症，找醫生治療，費用是不少的，就算代價是10,000元吧。

2. 沒有癌症，還是去看醫生，費用比較少，就算代價是2,000元吧。

3. 患有癌症，卻不去看醫生，那可能冒一個相當大的險，就算代價是400,000元吧。

4. 沒有癌症，不去看醫生，那麼費用就是出去慶祝，吃一
   頓大餐的價錢是 300 元吧。

但是，我們並沒有是否確實罹癌的數據，確切的數據只有
X 光檢查的結果。首先我們記得 X 光檢查結果是肯定的話，患
癌症的機率是 0.105，沒有患癌的機率是 0.895，因此如果 X 光
檢查的結果是肯定的話，我們決定去看醫生的代價是：

$$10,000 \times 0.105 + 2,000 \times 0.895 = 2,840，$$

決定不去看醫生的代價是：

$$400,000 \times 0.105 + 300 \times 0.895 = 42,268，$$

相形之下，我們當然應該選代價比較小的決定，那就是去看醫
生。

反過來說，假設 X 光檢查的結果是否定，站在決策的立
場，我們還是要決定去不去看醫生，首先在已知 X 光檢查的結
果是否定的前提下，患癌症的機率是：

$$\frac{3.5}{896.5 + 3.5} = \frac{3.5}{900} = 0.003888$$

沒有患癌症的機率是：

$$1-0.003888 = 0.996112$$

那麼，決定去看醫生的代價是：

$$10,000 \times 0.003888 + 2,000 \times 0.996112 = 38.888 + 1992.224$$
$$= 2031.112$$

如果不去看醫生的代價是：

$$400,000 \times 0.003888 + 300 \times 0.996112 = 1555.20 + 298.8336$$
$$= 1854.0336$$

相比之下，看醫生的代價還是比不看醫生的代價高一點點，所以決策是：不去看醫生。

電子郵件過濾器

垃圾郵件就是大批寄出、內容相同、不請自來的郵件，在過去傳統的郵政系統裡，也有垃圾郵件的寄送，最多的就是大賣場、百貨公司大減價的廣告，但是在網路技術發達的今天，透過網路傳送垃圾電子郵件不但容易、迅速，而且費用更是微乎其微，一個非常粗略的估計，指出傳送一萬封電子垃圾郵件的成本大約是一美元，也正因為如此，透過網路傳送的電子垃圾郵件的數目也是驚人的，有一項統計，顯示網路上的電子郵

件80%是垃圾郵件，它們浪費的網路和人力資源，更是高達每年上千億美元之譜。

因此，自動過濾垃圾郵件的軟件，是電腦操作系統裡不可或缺的工具，一些比較粗略的做法是郵件中某些特殊的字、詞和符號，都是垃圾郵件的跡象。例如「免費」、「成人」、「配方」、「親愛的顧客」，甚至一連串七、八個驚嘆號、FF0000（FF0000在html裡頭代表紅色）等，因此含有這些字和詞的郵件，就會被視為垃圾郵件而被過濾掉，而比較全面、也的確是在現實中使用的做法，是經由統計的數據，從字和詞的出現，推估一份郵件是垃圾郵件的機率，讓我講一個具體的做法：

第一、找4,000份已知的垃圾郵件，找4,000份已知的正常郵件。

第二、數一個字在垃圾郵件裡出現的次數，和在正常郵件裡出現的次數。（在這裡我們還可以作一些技術上的微調，譬如說一個字出現在正常郵件裡，一次當一次半或者兩次算，換句話說，一個「好」的「正派」的字和詞的出現要加權計算，這樣會減低把正常郵件當作垃圾郵件的機率。）

第三、如果一個字出現的次數低於某一個門檻，譬如說5次，因此在統計上意義不太，我們就不用這個字來

做參考。

第四、從每一個字在垃圾郵件裡和在正常郵件裡出現的次
數，估計假如這個字在一份電子郵件裡出現的時候，
這份電子郵件是垃圾郵件的機率。我們把這個機率
叫做「罪證機率」（Condemnation Probability），用 P
來代表它，例如含有「成人」這個詞出現在郵件，
它是垃圾郵件的機率是 0.99，換句話說「成人」這
個詞的罪證機率是 0.99，「匯款」這個詞的罪證機
率是 0.92，「天氣」這個詞的罪證機率是 0.15，「努
力」這個詞的罪證機率是 0.02 等，舉例來說，計算
一個字和詞的罪證機率最簡單的公式，就是：

$$\frac{\text{這個字和詞在垃圾郵件裡出現的次數}}{\text{這個字和詞在垃圾郵件裡出現的次數} + \text{這個字和詞在正常郵件裡出現的次數}}$$

這一來，我們建立了一個字和詞的罪證機率的資料庫，
我們的準備工作，也就是訓練過濾器的工作就完成了。如果有
一封新的電子郵件進來，我們先選其中出現最多的若干個字和
詞，譬如說 15 個，我們從資料庫把這 15 字和詞的罪證機率
$P_1, P_2 \cdots \cdots P_{15}$ 找出來，如果一個字和詞沒有出現資料庫裡，我們
把它們的罪證機率當作 0.4 或者 0.5，從這些罪證機率，我們有

一個公式：

$$\frac{P_1 \times P_2 \times ... \times P_{15}}{P_1 \times P_2 \times ... \times P_{15} + (1-P_1)(1-P_2)...(1-P_{15})}$$

可以用來算出這一份電子郵件是垃圾電子郵件的機率P，也可以說是集體的罪證機率。如果集體的罪證機率算出來大於某一個門檻，譬如說0.9，我們就把這封郵作為垃圾電子郵件過濾掉。

讓我們用幾個例子來認識罪證機率和集體罪證機率的涵義，假設有兩個字，在一封電子郵件出現，它們的罪證機率是P_1和P_2，按照上面的公式算出來集體罪證機率是P：

如果$P_1 = 0.99$，$P_2 = 0.99$，那麼$P = 0.9999$，

換句話說，兩個有力的罪證加起來變得更加有力罪證了。

如果$P_1 = 0.99$，$P_2 = 0.8$，那麼$P = 0.9974$，

換句話說，兩個罪證還是相互支持。

如果$P_1 = 0.99$，$P_2 = 0.2$，那麼$P = 0.9612$，

換句話說，一個罪證減低了另一個罪證的力度。

如果$P_1 = 0.8$，$P_2 = 0.2$，那麼$P = 0.5$，

換句話說，兩個罪證彼此的力度抵消了

某些根據這些觀念建立的垃圾郵件過濾器，可以濾掉95%的垃圾郵件。在這個例子裡，機率是隨著新的資料而調整的，

當我們不斷收到新的電子郵件時，隨著它們被判定是垃圾郵件或者是正常郵件，我們可以自動地調整每一個字和詞的罪證機率。

看穿賭博的勝敗邏輯

　　一件事通常會有幾個可能的結果，賭博通常就是付出一個代價，也就是下一個賭注去預測將會發生的結果。按照預測和真正的結果兩者之間的吻合度，下賭注的人就會得到或多或少甚至是零和負的回報。比方，老闆問助理，明天會不會下雨？助理答說：「不會。」第二天，大太陽出來了，老闆說：「你還算聰明。」若第二天，傾盆大雨，老闆說：「你這個笨蛋。」就是不同的結果和不同的回報。

為什麼賭客一定會破產？

　　讓我們從最簡單的說起，擲一個銅板有兩個結果：正面和反面，一個公平的銅板，結果是正面的機率是1/2，反面的機率也是1/2，賭客下注1塊錢，如果他贏了莊家賠他1塊錢，這是一個公平的賭博，如果他賭100次，平均贏50次，輸50次，結果是不輸不贏。但是賭場有費用的開銷，因此，在現實的賭場裡是沒有真正公平的賭博。賭場的可能的做法是找一個銅板，

擲這個銅板時，正面的機率是0.49，反面的機率是0.49，還有，0.02的機率是銅板滾到桌子底下去了，當銅板滾到桌子底下去時，不管賭客押的是正面還是反面，都是莊家贏，換句話說賭客贏的機率是0.49，而莊家贏的機率是0.51，很明顯地，這是一個不公平的賭博。譬如說賭客賭100次，平均贏49次，輸51次，結果是淨輸兩塊錢。

我講另一個例子：歐洲式輪盤賭博裡，輪盤的周邊分成37個等分的小格，分別是1, 2, 3, 4到36，加上，當在輪盤裡滾動的小鋼珠掉到某一個格子裡時，那就是開出來的數字。最簡單的賭法是下注賭開出來的數字是1到36裡的奇數還是偶數，但是如果開出來是0，押賭奇數和偶數的都輸了。換句話說，賭客贏的機率是18/37等於0.4865，莊家贏的機率是19/37等於0.5135。光是輪盤還有很多不同的賭法，其他的賭博也可以說是變化萬千，不過任何一種賭博的方式，賭場都經過精心的分析，賭場贏的機率比0.5多一點點，賭客贏的機率比0.5少一點點，可是，這一點點的差異就足以替賭場帶來很大的利潤。我講這些都只不過是重複了一句老話「逢賭必輸」。

雖然明明知道按照機率的分析，賭場是占有絕對的優勢，但是賭徒往往讓心理上的錯覺混淆了正確的數學分析。心理上最大的錯覺就是相信所謂的手氣，完全不做理性的分析，一

連輸了幾手，手氣不好，下一手手氣一定會改過來，下一個大注吧！一連贏了幾手，手氣很好，繼續賭下去吧！不管怎樣，到了最後，總是輸得一乾二淨，這就叫做「賭客的破產」（Gambler's Ruin）。正如某一位賭場大亨說過：剛開始時，你和我各有輸贏，等到你離開時，贏的肯定是我。

首先，讓我們看最簡單的用一個公平的銅板來賭正面和反面的例子。開始時，賭客手上有100元的賭本，他賭1元1注，如果他贏到100元就心滿意足回家去了，如果他輸光了100元，別無選擇也只好回家去了，請問：他輸光了回家的機率是多少？答案是輸光了回家的機率是1/2，贏了100元的機率也是1/2。假如這位賭客比較貪心，他要贏到200元才回家，那麼他輸光了回家的機率是2/3，贏了200元回家的機率是1/3；假如這位賭客很容易滿足，他只要贏20元就回家，那麼輸光了回家的機率是1/6，贏了20元就回家的機率是5/6。這些結果與我們的直覺是吻合的，就是如果賭客愈貪心，他破產回家的機率愈高，至於數學上怎樣把這個結果導出來，就留給有興趣的讀者了。

假如銅板是不公平的話，那麼賭客破產的機會就變大了，假設，賭場贏的機率是0.51，賭客贏的機率是0.49，讓我們做一個比較，如果賭客有100元的賭本，只想要贏20元就心滿

意足，在公平銅板的賭局裡，他贏的機率是5/6等於0.833，在不公平銅板的賭局裡他贏的機率只有0.45。如果，賭客想要贏100元才回家，在公平銅板的賭局裡，他贏的機率是1/2，等於0.5，在不公平銅板的賭局裡，他贏的機率只有0.0183，如果賭客想要贏200元才回家，在公平銅板的賭局裡，他贏的機率是1/3，等於0.33，在不公平銅板的賭局裡，他贏的機率大約是3/10000。

　　這些數據告訴我們兩件事，第一、如果賭客貪心不足，他破產的機率是愈來愈大的。第二、只要莊家在機率上占一點點小便宜，從0.51改為0.49，最終的贏面就大大提升了。

　　讓我提出一個小小的變化，前面說賭客原有的賭本是100元，每次的賭注是1元，那麼他在不公平銅板的賭局裡，贏100元的機率是0.0183，破產的機率是1－0.0183等於0.9817，請問如果他把賭注改成10元，換句話說贏輸都很大，那麼他破產的機率是增加呢？還是減少呢？

　　憑直覺也許並不清楚，靠數學那麼答案就清清楚楚了。在機率論裡，一個重要的模型叫做「隨機漫步」（Random Walk），這個模型可以用來描述分析前面所說的擲銅板贏輸的機率。也同樣可以用來描述分析一個分子在液體或者氣體中移動的情形，或是一隻野獸在森林裡奔跑的情形或股票市場漲跌

的情形，那是機率學裡一個重要的題目。

賭客的加碼策略

　　賭場裡雖然有許多不同的賭博方式，不過，每一種賭博方式都經過小心的統計分析，加上多年經驗的累積，因此在賭場訂定的遊戲規則之下，莊家贏的機率一定是比賭客贏的機率要多一點點，因此，到頭來莊家一定是大贏家，不過，古今中外，三不五時總有所謂「賭神」出現，號稱他掌握了必勝的秘訣，肯定可以贏大錢。這些必勝祕訣，許多都是無稽之談，經不起機率和統計的分析。不過，倒的確有些賭客可以運用策略，增加甚至保證贏錢的可能，但賭場也有應對的方法：訂定特殊的遊戲規則，禁止這些策略的運用，或者乾脆把這些運用特殊賭博策略的人列為不受歡迎人物，摒除在賭場外面。以下我會舉出幾個簡單的例子。比方，我們從下注1塊錢開始，如果贏了，繼續下注1塊錢，如果輸了，下注2塊錢，如果贏了，那不但把前面輸的1塊錢贏回來，還倒贏1塊錢，如果輸了，下注4塊錢，如果贏了，不但把前面輸的全部贏回來，還倒贏1塊錢，如果輸了，下注8塊錢，換句話說，以1、2、4、8、16、32、64……的方式下注。

　　這個想法是正確的，但是首先你必須有很大的賭本，如果

你從1塊錢開始，一口氣輸了10次，就需要有1,024塊錢作為賭本，而你贏到的，只不過1塊錢而已，而且，賭場通常有下注的上限，譬如說下注的上限是1,000塊錢，那麼你一口氣輸了10次之後，下注1,024塊錢的策略就行不通了。

靠算牌打敗賭場

接下來，我講一個有趣的例子，那叫做「21點」，也叫做「Black Jack」。這個遊戲的規則是相當複雜的，不過，最基本的規則是在一疊撲克牌裡，賭客和莊家各發兩張牌，Ace可以算11點也可以算1點，Jack、Queen、King都算10點。如果，兩張牌的點數加起來，超過21點，叫做「漲死」，那就輸定了；如果賭客和莊家都沒有超過21點，那就比大小，大的贏；還有，如果賭客手上的兩張牌是Ace加上一張10點，莊家還得以1.5倍的賠率，賠給賭客。這是賭場裡，吸引許多賭客的遊戲。當然，正如前面講過，這個遊戲的規則，讓莊家在贏的機率上占一點便宜，不過，在1960年代初期，美國麻省理工學院的一位數學教授索普（Edward Thorp）觀察到一件事情：譬如說有五位賭客一起和莊家賭，一手下來通常一共只發掉了十多張牌，所以在一副共有五十二張牌的撲克牌裡，還剩下三十多張牌可以發第二手。假如一個人有超強的記憶力，能夠把第一手發過

的每一張牌都記下來，就可算出剩下三十多張牌是什麼，從而估計從這剩下的三十多張牌發出的第二手的牌是對莊家有利還是對賭客有利，如果是對賭客有利的話，那就加大下注。這就是所謂「數牌」技術最基本的觀念。但是會碰到兩個執行上的困難，第一、誰有這種本事把第一手發過的每一張牌全部記下來？第二、即使您知道剩下來的三十多張牌是什麼，您怎樣估計從這三十多張牌發出來的第二手對莊家還是賭客有利呢？索普利用當時演算速度最快的IBM704電腦做了許多模擬，得到的結論中最簡單也確實有理的規則是：如果在這三十幾張剩下的牌裡，10點比較多，那是對賭客較有利的，小牌例如4、5、6比較多，那是對莊家較有利的。為什麼？我們可以用一個很簡單的例子來支持這個規則，假如賭客手上已經拿到一張ACE，那他當然希望第二張牌是10點，所以，在這三十幾張牌裡，10點的牌愈多對他愈有利，這個規則也解決了前面提出如何記住第一手發過的每一張牌的問題，因為賭客只要數一數在第一手裡，10點的牌一共出現多少張，就算得出還剩下多少張10點的牌，這個最基本的觀念也可以推廣到把牌按照大小分成幾類，每類有一個相對的點數，從已經發過的牌裡的總點數算出剩下來的牌對賭客有利、還是對莊家有利。

索普在美國賭城拉斯維加斯（Las Vegas）和雷諾（Reno）

賭場按照他們數牌的規劃，也的確贏了不算小的一筆錢，他在1966年出了一書，書名是《打敗莊家》（*Beat the Dealer*）。到了1980年代初期，麻省理工學院的一群學生組成一個團隊，更深入地分析數牌的技術，在2003年出版的半真實半虛擬的書《擊潰賭場》（*Bring Down the House*）裡，更描寫了他們使用隱藏的電腦，分工數牌、算牌和變裝以免被賭場認出盧山真面目等細節，這本書後來在2008年也被拍成電影，電影名稱是《決勝21點》。

當然對這些數牌的賭客，賭場也有他們應對的策略，第一、每玩了一手就重新洗牌，但是這樣浪費太多時間；第二、用兩副、三副甚至五副、六副牌一起玩，而且不要等所有的牌都派完才重新洗牌；第三、驅逐被懷疑使用數牌技術的賭客出場。

如何獨得樂透彩？

我要講的另一個例子，是大家都熟悉的「大樂透」（樂透是英文Lotto這個字的音譯）這個遊戲。以50元臺幣的賭注，從1至49這些號碼裡選6個號碼，如果這6個號碼和開彩開出的6個號碼相同，那就是頭獎，獎金在一億臺幣以上。（其實，臺灣的「大樂透」還要另選一個特別號，但我們就略過這個細節不

談。）首先，從49個號碼裡選出6個有13,983,816個選法，換句話說，中頭獎的機率是少於一千萬分之一；其次，不管您選任何6個號碼，中獎的機會是均等的，所以，似乎沒有什麼必勝的策略可言。不過，如果大樂透一連幾次摃龜，累積的總獎金超過七億（$50×13,983,816 = $699,190,800）時，您可以以七億元的代價把每一個可能的選法都買下來，那您肯定是會中頭獎的了。但是，按照遊戲規則，如果幾個人同時中獎，那麼得平分總獎金，因此，萬一另一個人也中了頭獎的話，兩個人得平分七億元的獎金，那您沒有賺，反而賠了，所以，如何減低別人和您平分獎金的可能性，倒是一個有研究探討空間的問題。統計學家發現在49個號碼裡，有些號碼是熱門，也就是大家喜歡選的號碼，有些是冷門，也就是大家比較少選的號碼，譬如說大於31的號碼比較冷門，因為許多人按照生日來選號碼，西方人不喜歡選13，中國人不喜歡選4、44等，這些冷門的號碼也可以經由統計的方法來評估，當然如果彩券公司願意把它的資料庫公開，我們就可以數一數哪些號碼是比較冷門的號碼，另一個方法是從每次開彩的結果和獎金分配的情形來倒推，例如從最近幾期大樂透開彩的結果，我們發現好幾期6個號碼中了5個的人數都是40至50人左右，每人分到的獎金是一百萬左右，可是，有一期開出的號碼是22、35、37、41、46、

47，對中5個號碼的人只有26人，因此每人分到的獎金也提高到兩百萬，我們可以推想22、35、37、41、46、47這些號碼是比較冷門的號碼。不過，雖然在觀念上這是有些道理的，但是實際的分析得出來的結果有用到什麼程度是很難說的，而且除了單一的號碼是冷門還是熱門之外，多個號碼的組合也可以有冷門和熱門的分別，許多人心理以為比較規律的號碼組合出現的機會比較小，所以，1、2、3、4、5、6；5、10、15、20、25、30也可以算是冷門的組合。

結論是：在理論上，選冷門的號碼和冷門的組合，是減低中了獎和別人平分的機率的做法，不過，首要的條件是在一千三百多萬分之一的機率中中了頭獎！

預測輪盤的贏錢數

「輪盤」是遠在十八世紀源自法國的博奕遊戲。「輪盤」的周邊分成37個等分的格子（美式輪盤分成38個格子），其中36個格子分別寫上數字1、2、3、……36；18個格子塗上紅色，18個格子塗上黑色，第37格子寫「0」塗上綠色，賭客下注之後，莊家轉動輪盤，順時鐘、逆時鐘方向都可以，然後把一顆鋼珠朝著輪盤轉動方向投入輪盤，等到鋼珠掉進37個格子裡的任一個格子裡，這個數字和顏色就是開出來的結果。

　　下注輪盤賭博的方式很多，我們不必在這裡一一細說，最簡單的是賭鋼珠掉進的格子是紅色還是黑色，1賠1，但是，如果鋼珠掉進「0」這個格子（綠色），那麼不管賭客押注的是紅色或黑色，都算輸，所以，賭客贏的機率是18/37＝0.4865。

　　從機率的理論來說，賭博都是一個獨立的隨機事件，沒有所謂「必勝」的可能，但是讓我們看一個有趣的特殊例子，假如我們一共賭五次，而且這五次的結果已經預先知道是兩次紅、三次黑，但是，我們不知道這些結果出現的次序，不但有一個必贏的下注策略，而且可以預先知道五次之後，最後會淨贏多少錢。

　　首先，我們決定一連五次都押注「紅色」，我們唯一的策略只每次下注多少錢而已，我們的策略很簡單：下注金額為 A 塊錢，如果贏了，下一次下注 $\frac{1}{2}$A 塊錢，如果輸了，下一次下注 $\frac{3}{2}$A 塊錢。讓我們先看一個例子：

　　假如5次的結果的次序是紅、紅、黑、黑、黑：

　　第1次下注16塊錢，結果是紅，贏16塊錢；

　　第2次下注8塊錢（16塊錢的1/2），結果是紅，贏8塊錢；

　　第3次下注4塊錢（8塊錢的1/2），結果是黑，輸4塊錢；

　　第4次下注6塊錢（4塊錢的3/2），結果是黑，輸6塊錢；

　　第5次下注9塊錢（6塊錢的3/2），結果是黑，輸9塊錢。

總結一下，我們一共贏了24塊錢，輸了19塊錢，結果是淨贏5
塊錢。

假如5次的結果的次序是黑、黑、紅、黑、紅：

第1次下注16塊錢，結果是黑，我們輸了16塊錢；

第2次下注是24塊錢（16塊錢的3/2），結果是黑，

　　我們輸了24塊錢；

第3次下注36塊錢（24塊錢的3/2），結果是紅，

　　我們贏了36塊錢；

第4次下注18塊錢（36塊錢的1/2），結果是黑，

　　我們輸了18塊錢；

第5次下注27塊錢（18塊錢的3/2），結果是紅，

　　我們贏了27塊錢。

總結一下，我們一共贏了63塊錢，輸了58塊錢，結果是淨贏5
塊錢。

有興趣的讀者，可以從第一注下注16塊錢開始，隨意選擇
任何兩次紅、三次黑的排列次序可以算出來，最後一定淨贏5
塊錢，不多不少，神奇極了！而且根據這些結果，我們可以設
計一套魔術：一開始時，魔術師先在一張紙上寫下最後淨贏的
數目；魔術師給觀眾五張牌：兩張紅、三張黑，代表五次的結
果；按照前面的策略，最後淨贏的一定是紙上所寫的5塊錢。

　　讓我解釋這個神奇的結果：首先，每一次下注的策略為下注A塊錢，如果贏了，下一次下注金額是xA塊錢，$x \leq 1$；如果輸了，下一次下注金額是yA塊錢，$y \geq 1$，例如在前面的例子，$x = 1/2$，$y = 3/2$，我們一共賭了n次，其中是k的結果是紅，$n - k$次的結果是黑，以前面的例子而言，$n = 5$，$k = 2$。

　　當我們把這些結果隨意地排列起來，例如：RBBRB，我們可以一次一次地算出每次的輸贏，也從而算出最後的淨贏或淨輸的數目。可是，這裡有一個重要的觀察：在一連串的R和B的排列裡，例如：RBBBR，如果我們把任何兩個相鄰的RB的排列換成BR，對最後淨贏的結果有何影響呢？如果，我們下注A塊錢，在RB的排列裡先贏了A塊錢，接下來輸了xA塊錢，所以，淨贏了（$1 - x$）A塊錢，而且再接下來下注xyA塊錢。如果我們下注A塊錢，在BR的排列裡先輸了A塊錢，接下來贏了yA塊錢，所以淨贏了（$y - 1$）A塊錢，而且再接下來下注xyA塊錢。

　　如果，x和y滿足$1 - x = y - 1$也就是$x + y = 2$這個條件，那麼把任何RB的排列換成BR的排列，最後淨贏的錢都是一樣的。換句話說，我們有一個定理：如果，$x + y = 2$，任何紅黑排列的次序，最後淨贏的數目都是一樣的。因此，我們只要算出，第一注下注一塊錢，在n次裡，k的結果是紅，$n - k$次的結

果是黑，最後淨贏的結果：

前面 k 次，贏了：$1 + x + x^2 + ... + x^{k-1} = \dfrac{1-x^k}{1-x}$

後面 $n - k$ 次，輸了：$x^k(1 + y + y^2 + ... + y^{n-k-1}) = x^k \dfrac{1-y^{n-k}}{1-y}$

因此，最後的淨贏是：

$$\frac{1-x^k}{1-x} - x^k \frac{1-y^{n-k}}{1-y} = \frac{1-x^k}{1-x} - x^k \frac{y^{n-k}-1}{y-1} = \frac{1-x^k y^{n-k}}{1-x}$$

因為，$1 - x = y - 1$，回到我們前面
$n = 5$，$k = 2$，$x = \dfrac{1}{2}$，$y = \dfrac{3}{2}$ 這個例子，套入這個公式：

$$\frac{1-(\tfrac{1}{2})^2(\tfrac{3}{2})^3}{1-\tfrac{1}{2}} = \frac{5}{16}$$

所以，如果最初下注16塊錢，最後一定淨贏5塊錢。

在 $n = 5$，$k = 2$ 這個例子裡，有興趣的讀者也可以選不同的 x 和 y 的數值，例如：$x = 0.4$，$y = 1.6$，$x = 0.3$，$y = 1.7$ 等來算算最後的淨贏，在 $n = 5$，$k = 2$ 這個例子裡，當 $x = 0.0777$ ……，$y = 0.9222$……，這個公式得到最大值是1.0377。讀者也可以算不同的 n 和 k，不同的 x 和 y 來算算看。按照這個公式，

如果我們選 $x = 0$，$y = 2$，那就是大家知道的下注策略，下注 1 塊錢，贏了，就不再賭下去了 $x = 0$；輸了，賭注加倍 $y = 2$，這個公式說只要 $k \geq 1$，我們肯定最後會贏 1 塊錢，可是，在現實的賭場裡，不管 n 多大，都沒有絕對的保證 $k \geq 1$！更何況現實的賭場有下注的上限！

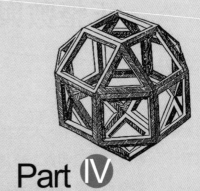

Part **Ⅳ**

練好數學邏輯基本功

正整數與自然數

　　說到數字，大家當然馬上就想到1、2、3、4、5、……，在數學裡，這叫做正整數（Positive Integer）。遠古時候，人類已經發現和瞭解正整數這個觀念：一頭牛、兩頭牛、三頭牛都是很具體的觀念；大家也聽過宋朝邵康節作的〈山村詠懷〉：「一去二三里，煙村四五家，亭臺六七座，八九十枝花。」

　　正整數之後，我們也立刻會想到「0」這個數字。其實和正整數相較，「0」是一個比較抽象的觀念。一個燒餅、兩個饅頭，三個小朋友，這些觀念都會清楚地呈現在我們眼前和腦海中，但是零頭牛是什麼呢？是一片空曠的草原嗎？有人說：「零」就是「沒有」呀！因此按照這個說法，有了「有」這個觀念，才能夠瞭解相對的「沒有」這個觀念。換句話說，瞭解了正整數的觀念，才能夠瞭解「0」的觀念。當我們說，桌上沒有燒餅時，是指和桌上有一個、兩個、三個燒餅相對的觀念。「不求天長地久，但願曾經擁有」，因為「曾經擁有」，才能體會到「不再擁有」的心情。曹植〈雜詩〉有「妾身守空

閨，良人行從軍」¹這兩句，意思是「我守在空閨裡，丈夫從軍去了」，閨房空了是因為丈夫曾經在閨房裡相伴。相信大家都聽過，在佛教裡北宗神秀大師和南宗六祖惠能大師的菩提樹偈（偈句是唱歌的詞句）的故事。神秀大師唸的是：「身是菩提樹，心為明鏡臺，時時勤拂拭，勿使惹塵埃」；惠能大師唸的是「菩提本無樹，明鏡亦非臺，本來無一物，何處惹塵埃」。「有」和「無」是相對應的、是相互彰顯的。

正整數加上零，0、1、2、3……，被稱為「自然數」（Natural Number）²，在數學裡，除了憑一頭牛、兩頭牛的直覺外，我們必須問自然數到底是什麼東西？這也是一直到了十九世紀數學家才想到的：建立一個嚴謹的模型，來描述自然數和規範自然數的運算。在數學裡，一個模型建立在一套公理（axiom）上，在這個模型裡，一切定義和運算都以這些公理為準則。有關自然數最重要的模型就是按照十九世紀義大利數學家皮亞諾（Giuseppe Peano）提出的被稱為「皮亞諾公理」（Peano's Axioms）。它們最基本的觀念是：0是一個自然數，接下來1是一個自然數，接下來2是一個自然數，接下來3是一個自然數。

這又讓我想起一首據說是乾隆皇帝寫有關「雪」的詩：「一片一片又一片，二片三片四五片，六片七片八九片，飛入蘆花都不見。」也是一個自然數接下來又是一個自然數的觀念

---

1. 「良人」是古時夫妻之間的互稱，不過，後來演變成多半是妻子對丈夫的稱呼。
2. 自然數這個名詞的使用並不一致。

呀！還有，孔子在《論語・子罕》第九篇裡說過：「譬如為山，未成一簣（盛土的竹筐），止，吾止也；譬如平地，雖覆一簣，進，吾往也！」意思是就像堆一座山，還差一筐土，未能成山，停下來，也就是我自己停下來的；就像從平地開始，倒一筐土，有進展，也是我自己得來的進展。這可不也是一筐一筐又一筐的說法嗎？

在自然數的世界裡，我們引進「運算」（Operation）這個觀念：「運算」可以說是一個「動作」，它從兩個自然數產生一個自然數作為運算的結果，大家最熟悉的一個運算是「加」＋，5頭牛加3頭牛等於8頭牛，$5 + 3 = 8$。另外，一個幽默的例子是：鮮大王「加」清水「等於」雞湯！[3]我們也說任何一個自然數加0等於這個自然數，$3 + 0 = 3$。

在自然數的世界裡，一個運算被稱為「封閉」（Closed）的運算，如果運算的結果還是一個自然數，很明顯的「加」是一個封閉的運算。正如《西遊記》裡說的，不管孫悟空怎樣翻筋斗，始終跳不出如來佛的掌心，換句話說，在如來佛的掌心的世界裡，「翻筋斗」是一個封閉的運算。

---

3. 這是從前無線電臺上的廣告：「家有鮮大王，清水變雞湯。」

負整數

　　接下來，讓我們講負整數（Negative Integer），也許大家會說負數好像是個很清楚、很簡單的觀念；正數代表財產、所有，負數代表債務、虧空。但是，若問：負三頭牛這觀念可以怎樣呈現出來呢？當我說我有三頭牛，我可以帶您去看這三頭牛，但是當您說您有負三頭牛，您可以帶我去看這負三頭牛嗎？

　　按照數學歷史的記載，負數這個觀念首先在中國漢代，大約公元一世紀左右成書的《九章算術》裡出現。魏晉時期的數學家劉徽（225-295 A.D.）為《九章算術》作注，提出正數和負數這兩個名詞和明確的定義，他說：「兩算得失相反，要令正負以名之。」意思是「在計算過程中，遇到意義相反的數量，要用正數和負數來區分它們」。他也提出用紅色的小棍的數目代表正數，黑色的小棍的數目來代表負數的呈現方式。公元628年，印度著名的數學家、天文學家婆羅摩笈多（Brahmagupta）也提到負數的觀念，他在一個數字上面加上一個小點或小圈

表示它是一個負數。可是即使到了十四、十五世紀，許多數學家雖然知道負數的存在，但還是不能接受或者不完全瞭解負數這個觀念，有些數學家把負數叫做「荒謬的數」（Absurd Number），或者把負數的答案看成沒有意義、沒有用的答案；更有些數學家找出一些奇奇怪怪的論調：既然－1比0小，3被0除是無窮大，那麼3除以－1是比無窮大更大了，既然－1比＋1小，那麼＋1除以－1是一個大數被一個小數除，－1除以＋1是一個小數被一個大數除，怎麼可能＋1被－1除，等於－1被＋1除呢？

　　我在這裡作一個交代，站在數學的觀點，正整數、零、負整數，以及下面許多我們講到的數字，在數學上有許多重要的觀念和特性，並且從而導出許多重要的規則和運算方法，雖然可以盡量用真實世界的事和物來解釋這些觀念和規則，但是當我們愈走愈遠的時候，請允許我說：「這是從數學上的基本定義導引出來的，不過請放心，我們在國小時候學過的東西都是對的，細節就得要等到大學部有關代數結構（Algebraic Structures）的課程了。」

整數

　　把自然數和負整數的世界合在一起，就是「整數」的世界。若畫一條水平線，中間的位置是 0，往右走是＋1，＋2，＋3，……，往左走是－1，－2，－3……，讓我們也把熟悉的「加」和「減」兩個運算引進「整數」的世界，例如：5＋3＝8，5－3＝2，5＋(－3)＝2，5－(－3)＝8，你可以用「5塊錢加3塊錢、5塊錢花掉3塊錢、5塊錢加上欠人家3塊錢、和5塊錢減掉欠別人的3塊錢」來解釋。在「整數」的世界，「加」和「減」都是封閉的運算。

　　「加」和「減」都是「互為相反」（Inverse）的「運算」：5＋3－3＝5，5－3＋3＝5。在圖4-1裡，「加」就是往右走，「減」就是往左走。

圖 4-1

有理數與無理數

　　讓我們在正整數的世界引進大家都熟悉的運算「乘」（×），比方：$3 \times 5 = 15$。

　　乘可以解釋為連續的「加」，$3 + 3 + 3 + 3 + 3 = 15$，讓我們推而廣之，在整數的世界引進「乘」的觀念，$3 \times 5 = 15$，$3 \times (-5) = -15$，$(-3) \times (-5) = 15$。

　　在整數的世界，「乘」還是一個「封閉」的運算，但是當我們引進「除」（÷），這個運算的時候，「除」在整數的世界裡就不再是一個封閉的「運算」了。比方：

$15 \div 5 = 3$

$15 \div 7 = ?$

　　因此，我們引進有理數（Rational Number），也就是分數（Fraction）這個觀念：讓 p 和 q 是整數，q 不等於 0，p 被 q 除，寫成 $\dfrac{p}{q}$ 就叫做一個有理數。因為 q 可以等於 1，所以有理數包括所有的整數。在有理數的世界裡，「乘」和「除」是「封閉」的運算，也是「互為相反」的運算。

謝靈運是東晉時期的文學家，他曾說：「天下才共一石，子建獨得八斗，我得一斗，天下共分一斗。」子建就是曹操的兒子、「七步成詩」的曹植，謝靈運這句話的意思是天下的文才，曹子建獨得了8/10，我得了1/10，其他所有的人一起共分剩下來的1/10，他的用意是經由推崇曹子建來抬高自己的身價。「八分半山一分水，半分農田和莊園」這句話描寫一個地區的地理風貌，$\frac{85}{100}$ 是山，$\frac{10}{100}$ 是水，$\frac{5}{100}$ 是農田和莊園。

有理數也可以用小數點的形式來呈現，例如：$\frac{9}{8}$ 可以寫成1.125，$\frac{9}{11}$ 可以寫成0.81818……。當有理數用小數點的形式來呈現時，有兩個可能：一個是小數點後面的部分是有限的，例如：$\frac{1}{2} = 0.5$，另外一個是小數點後面的部分是循環的，例如：$\frac{22}{7} = 3.142857142857142857……$。這兩個可能來自當 p 被 q 除的時候，如果除得盡，$\frac{p}{q}$ 小數點後面的部分是有限的。如果除不盡，每除一次都有一個餘數，但是因為一共只有 $p-1$ 個可能的餘數，所以，當餘數重複出現時，小數點後面的部分就形成一個循環了。

反過來，如果一個數字用小數點的形式來呈現時，在小數點後面的部分或者是有限的或者是循環的，那麼這個數字一定是一個有理數，可以用分數 $\frac{p}{q}$ 的形式來呈現（這有嚴謹的數學證明）。換句話說，如果一個數字用小數點的形式來呈現時，

在小數點後面的部分是無限而又不是循環的話，那就不是有理數，因此叫做無理數（Irrational Number）。遠在公元前五世紀，希臘數學家已經發現了無理數的觀念，並且證明2的開平方 $\sqrt{2} = 1.4142135623$⋯⋯是一個無理數，這我會在後面多談一點。

代數數與超越數

接下來，讓我介紹代數數（Algebraic Number）和超越數（Transcendental Number）這兩個觀念。

我們都記得 $ax + b = 0$ 叫做一元一次方程式，其中 a 和 b 都是有理數，也叫做這個方程式的係數，「一元」是指方程式裡有一個未知數 x，一次是指方程式裡只有 x 的一次方，而且我們也記得 $x = -\dfrac{a}{b}$ 叫做這個方程式的根，「根」是指把「根」作為 x 的數值代進方程式裡，結果是等號兩邊都等於 0。

我們也記得 $ax^2 + bx + c = 0$ 叫做一元二次方程式，而且

$$x = \frac{-b \pm \sqrt{b^2 - 4ac}}{2a}$$

是這個方程式的兩個根。

推而廣之，

$$ax^n + bx^{n-1} + cx^{n-2} + \cdots\cdots = 0$$

叫一元 n 次多項式方程式，按照代數裡基本的結果（Fundamental

Theorem of Algebra），它有 n 個根。在直覺上，這似乎是「想當然」，但是在數學裡，這必須經過嚴謹的證明。任何以有理數為係數的一元 n 次多項式方程式，它的根都被稱為「代數數」。很明顯地，任何有理數都是代數數，但是有些無理數也是代數數，例如 $\sqrt{2}$ 是 $x^2 - 2 = 0$ 這個方程式的一個根，所以 $\sqrt{2}$ 是一個代數數。

在所有的無理數裡，不是代數數的無理數，叫做「超越數」。大家最常遇到的超越數包括：圓周率 $\pi = 3.14159265$ $3589793\cdots\cdots$；自然對數的底數 e $= 2.71821828450945\cdots\cdots$；三角函數，例如：$\sin\dfrac{1}{\pi} = 0.841470984807896\cdots\cdots$；對數，例如：$log_e2 = 0.693147180559945\cdots\cdots$。

大家可以想像得到，要證明一個數字是超越數，需要相當深入的數學工作，不過，讓我們以「π」為例子：雖然遠在公元前兩千多年，數學家已經發現了「π」的觀念，可是一直到 1761 年「π」才被證明是一個無理數，到了 1882 年「π」才被證明是一個超越數。

讓我講些有趣的故事，當「π」的數值以小數點的形式來呈現時，小數點後面的部分既不是有限的也不是循環的，而且在這些數位裡也找不到任何模式或者規則，多年來電腦科學家嘗試用電腦算出「π」的數值裡的數位，目前最高的紀錄是兩位日

本電腦科學家在2011年算出了10^{13}個數位。

　　至於靠人腦去背誦「π」的數值裡的數位呢？在目前的金氏紀錄（Guinness World Records）中，2005年，中國的呂超在二十四小時之內連續沒有錯誤地背誦到小數點後第67,890位，用電腦去算「π」的數位目的之一可以說是測試演算用的公式和方法的精算確度和收斂度，以及超級電腦的速度。至於用人腦去背誦「π」的數位是否可以訓練人腦記憶的能力，那就見仁見智了。

實數和虛數

前面講過整數、自然數、有理數、無理數、代數數、超越數這些觀念，也順理成章地有了負的有理數、無理數、代數數、超越數這些觀念了。讓我作一個總結：畫一根水平線，以0為中點，無限[4]地向右向左延伸，其中任何一點都代表一個數字，叫做實數（Real Number）。

我們可以把所有的實數分成兩塊，一塊是有理數（包括整數），一塊是無理數；也可以另外分成兩塊，一塊是代數數（包括有理數），一塊是超越數。

在有理數的世界裡「加」、「減」、「乘」、「除」都是封閉的運算，而且「加」和「減」、「乘」和「除」是「互為相反」的運算。

讓我們加上一個觀念上相當簡單的運算，「乘方」：$5 \times 5 = 25$是5的平方，$5 \times 5 \times 5 = 125$是5的三次方，$5 \times 5 \times 5 \cdots\cdots$是一共$n$次是5的$n$次方，同時，$(-5) \times (-5) = 25$是$(-5)$的平方，$(-5) \times (-5) \times (-5) = (-125)$是$(-5)$的三次方等。

4.「無限」這個觀念會在下面討論。

　　很明顯的和「乘方」互為相反的運算是「開方」。5的平方是25，那麼開平方25的結果是什麼呢？這裡我們遇到兩個以前沒有遇到的情形：按照乘法的定義，開平方25有兩個結果：＋5和－5，因為（＋5）×（＋5）＝25和（－5）×（－5）＝25。[5]但是，（－25）開平方的結果是什麼呢？按照在乘法裡「負負得正」的規則，一個實數（不管它是正或負）平方的結果一定是一個正數，絕不可能是一個負數。因此，如果我們在所有的實數的世界裡，引進「平方」和它的相反運算「開平方」的話，必須擴大我們的世界，加入負數開平方的結果，這就是一個虛幻的世界，裡頭的數字就是「虛數」。

　　我們可以想像兩條水平線，上面一條是一個真實的世界，代表所有的實數，下面一條是一個虛幻的世界，代表所有的虛數，如果r是一個實數，ri就是一個虛數，如果在現實的世界裡，有3頭牛、－3頭牛、$\frac{2}{5}$頭牛，在虛幻的世界就有虛幻的3頭牛（$3i$）、虛幻的3頭牛（$-3i$）和虛幻的$\frac{2}{5}$頭牛（$\frac{2}{5}i$）。那麼i是什麼呢？i和$-i$是－1開平方的兩個答案，換句話說$i^2 = (-i)^2 = -1$。虛數在英文裡是Imaginary Number，「imaginary」這個字來自「imagine」這個字，「imagine」翻譯成「想像」比較貼切，因此，大家可以把虛數這個觀念看成一個虛幻不存在、也可以看成一個想像中存在的數字。

---

5. 按照我們以前的經驗，一個運算只有一個結果，不過，我們可以把「運算」的定義推廣到一個運算可以有多於一個結果。

這裡說個題外話，什麼是想像呢？有人指出法國雕塑藝術家羅丹（Auguste Rodin）最有名的雕像〈沉思者〉（The Thinker），他的右臂放在左邊的大腿上，不像我們通常會把右臂直接放在右邊的大腿上，他的身體扭轉低俯，眉頭緊鎖，連腳趾也彎起來，他在想什麼呢？他一定不是在想一些現實、具體、簡單的事物，他一定是在虛幻的世界想像、深思。也有人說過一個譬喻，有一個外星人來到地球，他去看籃球比賽，和我們一樣，他可以看到每一件事和物，唯獨看不到那個籃球。他看到球員們一下向某方向跑去，又一下子退到某一方向，常常有球員一隻手一下一下往下拍，當球員雙手舉高前伸時，觀眾會鼓掌吶喊，可是，當另一個球員同樣雙手舉高前伸時，觀眾會唉聲嘆氣喝倒彩，在他的世界裡，那個籃球是一個虛幻的物體，但是假如他能夠想像得到那個球的存在，他對整場籃球比賽就能夠完全瞭解了。

複數

在實數的世界裡，加和減是互為相反的運算，而且是封閉的運算；乘和除是互為相反而且也是封閉的運算。

在實數的世界裡，乘方和開方是互為相反的運算，同時乘方是一個封閉的運算，但是開方卻不是一個封閉的運算。所以，我們把視野擴大為實數和虛數的世界。

在實數和虛數的世界裡，乘方和開方是封閉的運算，乘和除也是封閉的運算。實數乘實數結果是實數，實數乘虛數結果是虛數，虛數乘虛數結果是實數，乘和除這兩個運算，帶著我們在實數和虛數兩個領域裡往返周遊，可不是「色不異空，空不異色，色即是空，空即是色」的說法嗎？

可是，在實數和虛數的世界裡，加和減卻不是封閉的運算：例如一個實數 2 加上一個虛數 $3i$，結果既不是一個實數也不是一個虛數，因此我們把世界擴大成為一個複數（Complex Number）的世界，一個複數是一個實數加上一個虛數。例如：

$2 + 3i$ 或者 $\sqrt{2} - 5i$。

在複數的世界裡，加、減、乘、除的運算和實數加、減、乘、除的運算相似，運算的結果也是一個複數。

但是，讓我們仔細地來瞭解在複數的世界裡「乘方」和「開方」這兩個運算。「乘方」和「開方」這兩個運算可以用 b^n 來代表。b 叫做「基數」（Base），n 叫做「指數」（Exponent）。在最廣泛的情形下，基數和指數都是複數。不過，如果指數是正整數 n，b^n 就是 $b \times b \times b \times \cdots\cdots n$ 次，如果指數是有理數 $\frac{1}{n}$，$b^{\frac{1}{n}}$ 就是 $\sqrt[n]{b}$。例如：

$$\sqrt{1} = +1 \cdot -1$$

$$\sqrt{-1} = i \cdot -i$$

$$\sqrt{i} = \left(\frac{1}{\sqrt{2}} + \frac{1}{\sqrt{2}}i \right) \cdot \left(-\frac{1}{\sqrt{2}} - \frac{1}{\sqrt{2}}i \right)$$

$$\sqrt[3]{1} = 1 \cdot -\frac{1}{2} + \frac{\sqrt{3}}{2}i \cdot -\frac{1}{2} - \frac{\sqrt{3}}{2}i$$

$$\sqrt[3]{i} = \frac{\sqrt{3}}{2} + \frac{1}{2}i \cdot -\frac{\sqrt{3}}{2} + \frac{1}{2}i \cdot -i$$

在 b^n 裡，如果 n 是一個複數，也讓我講幾個例子：

$$2^i = 0.762 + 0.6389i$$

$$10^i = -0.66820 + 0.74398i$$

$$e^{\pi i} = -1$$

上面這個例子就是有名的「尤拉方程式」（Euler's Equation），也可以寫成 $e^{\pi i} + 1 = 0$。它結合了 e, π, i, 1 和 0 這五個常數，「加」、「乘」和「乘方」這三個運算，還有「相等」這個關係，有數學裡最美麗的方程式之稱；也有一個傳說，十九世紀偉大的數學家高斯（Carl Friedrich Gauss）說過：「假如一個人看到尤拉方程式，不能馬上說出來『這是顯淺易明』的話，他就永遠不可能成為一流的數學家。」尤拉方程式來自尤拉公式（Euler's Formula）：$e^{xi} = \cos x + i \sin x$，這又把代數和三角函數結合起來了。

總而言之，在複數的世界裡，加、減、乘、除、乘方、開方都是封閉的運算。

規矩數

在幾何裡，給出一個正實數 r，如果能夠以長度已知為 1 的線段作參考，只用直尺和圓規可以畫出長度為 r 的線段，r 就叫做規矩數或者「可造數」（Constructible Number）。讓我先作名詞解釋，在中文裡，規是用來畫圓的圓規，矩是用來畫直角的曲尺，所以，規矩也可以指圓規和直尺，因為反正有了圓規和直尺就可以畫直角。

首先，讓我仔細地描述直尺和圓規的功能：

一、直尺可以用來畫一條直線，或者把兩點連起來。

二、直尺是無限長的，但是尺上沒有刻度，也不可以在上面畫刻度。

三、圓規可以以一點為圓心，通過另一點畫一個圓。

四、畫完一個圓後，把圓規從紙面提起時，圓規就會合起來。換句話說，如果用圓規畫了一個圓，不能把圓規提起，直接在另一個地方畫一個同樣半徑的圓。

　　這樣一來，我們馬上就想到一個最基本的問題：兩點之間有一條線段，我們能不能用直尺和圓規畫出另一條長度一樣的線段呢？遠在公元前三百年，希臘數學家歐幾里德（Euclid）就已經指出即使圓規提起之後會合起，我們還是可以在另一個地方畫出一個同樣半徑的圓。該怎樣做呢？有興趣的讀者可以試著把答案找出來，所需要的只是基本的高中幾何而已。

　　很明顯地，正整數，例如9，有理數，例如 $\frac{3}{5}$，都是規矩數。按照下面要講到的畢氏定理，$\sqrt{2}$ 也是規矩數；說得更廣一點，如果 r 是一個規矩數，$\sqrt{r}$ 也是一個規矩數，讓我挑戰有興趣的讀者用圓規和直尺畫出一個長度 $= \sqrt{1+\sqrt{2+\sqrt{3+\sqrt{4+\sqrt{5}}}}}$ 的直線。

　　要把什麼實數是規矩數，什麼實數不是規矩數，在數學上嚴謹地定義出來，需要引進比較多數學的觀念。一個比較容易說得清楚（當然，需要嚴謹地證明）的結果是一個規矩數一定是一個代數數，但是，反過來一個代數數不一定是一個規矩數，例如 $\sqrt[3]{2}$ 是一個代數數，因為它是 $x^3 - 2 = 0$ 這個方程式的一個根，但是它不是一個規矩數。

　　規矩數和代數數的觀念把幾何和代數這兩個似乎是沒有關聯的數學領域連接起來，這其中一個最重要的例子：遠在古希臘時代，數學家提出了三個幾何裡的難題：

第一、已知一個圓，畫一個面積相等的正方形。

第二、已知一個正立方體，畫一個積體是它2倍的正立方體。

第三、三等分一個已知的角。

要如何證明這三道難題是不可能的呢？

假設一個半徑是 r 的圓，面積是 πr^2，一個面積相同的正方形的邊長是 $\sqrt{\pi}\, r$，由於數學家已經證明 $\sqrt{\pi}\, r$ 不是一個規矩數，因此我們不可能畫一個邊長是 $\sqrt{\pi}\, r$ 的正方形[6]。

同樣，一個邊長為 r 的正立方體的體積是 r^3，因此一個體積是它的兩倍的正立方邊長是 $\sqrt[3]{2}\, r$，但是 $\sqrt[3]{2}$ 不是一個規矩數。

至於三等角分一個角，需要講到一些比較複雜數學觀念，其基本的觀念還是源自規矩數。

---

6. 如果我們用一個有理數 $\dfrac{p}{q}$ 作為 π 的近似值，因為 $\sqrt{\dfrac{p}{q}}$ 是一個規矩數，我們就可以畫一個邊長 $\sqrt{\dfrac{p}{q}}\, r$ 的正方形了。舉個例來說用 $\dfrac{355}{113}$ 作為 π 的近似值，一個面積是 14 萬平方英里的圓，畫出來的正方形的邊長的誤差只是大約一英吋而已。

無窮大

　　趁這個機會利用已經建立的基礎，介紹一個重要的觀念，那就是無窮大。

　　我們說過0、1、2、3、4、5……是自然數，那麼一共有多少個自然數呢？直覺的回答是從0開始一個一個唸下去，一直都唸不完，因此，我們說有無窮大那麼多個自然數。但是，從數學的觀點來說，到底無窮大的定義是什麼呢？在回答這個問題前，讓我先問在自然數裡，一共有多少個偶數呢？0、2、4、6、8、10……，這樣唸下去也一直唸不完，那麼是不是也有無窮大那麼多個偶數呢？同樣，一共有多少個奇數呢？1、3、5、7、9……那麼是不是也有無窮大那麼多個奇數呢？這可把我們弄得有點糊塗了。十九世紀德國數學家康托（Georg Cantor）提出了「一一對應」（One-to-One Correspondence）這個觀念來解除我們的困惑。

　　首先，讓我解釋「一一對應」這個觀念：哥哥、弟弟和妹妹一起去買冰淇淋，冰淇淋的口味有香草、草莓和巧克力，

如果哥哥選香草，弟弟選草莓，妹妹選巧克力，只要每個人選的都是不同的口味，每種口味被不同的人選，那就是「一一對應」。這樣我們就可以說這一家小孩的數目和店裡冰淇淋口味的數目是一樣的。但是如果爸爸、媽媽也要來買冰淇淋，而店裡還是只有香草、草莓和巧克力這些口味的話，那麼我們就無法找到這一家人和店裡冰淇淋口味之間的「一一對應」，就可以說這一家人的數目和冰淇淋口味的數目是不一樣的。因此，如果我們用冰淇淋口味的數目作為自然數3的定義，那麼紅、白、藍這一組顏色，早、午、晚這一組時段，和香草、草莓、巧克力這一組口味之間都可以建立一個「一一對應」，因此，我們也可以說紅、白、藍是三種顏色，早、午、晚是三個時段，但是，生、老、病、死可就不是三個過程了。

讓我們把所有的自然數的數目定義為無窮大，以下我們會談到這是最「起碼」的無窮大，在數學上叫做「可數的無窮大」（Countable Infinite）。這一來，如果有另一組數字，我們能夠證明這些數字和所有的自然數之間有「一一對應」，那麼這一組數字的數目也就是無窮大了，例如，在所有的偶數裡：

0和自然數裡的0相對應，

2和自然數裡的1相對應，

4和自然數裡的2相對應，⋯⋯

因此，所有偶數的數目也是無窮大，同樣在所有的奇數裡：

1和自然數裡的0相對應，

3和自然數裡的1相對應，

5和自然數裡的2相對應，……

因此，所有奇數的數目也是無窮大。

那麼，所有的整數呢？把它們按照0、1、－1、2、－2、3、－3、4、－4……，這個順序逐一排列起來，同時也把所有的自然數按照0、1、2、3、4、5、6、7、8……這個順序逐一排列起來，結果就是：

0和自然數裡的0相對應，

1和自然數裡的1相對應，

－1和自然數裡的2相對應，

2和自然數裡的3相對應，

－2和自然數裡的4相對應，……

因此，所有整數的數目也是無窮大，可見只要能夠把一組數字或物件按照某個順序逐一排列起來，就可以和所有的自然數按照0、1、2、3……這個順序排起來建立「一一對應」了。

康托的一一對應的觀念，不但為無窮大下了一個清晰明確

的定義，也解釋了許多我們以前常常聽到卻無法嚴謹地解釋的說法，例如，無窮大加無窮大還是無窮大，無窮大減無窮大還是無窮大，無窮大加一個常數、無窮大減一個常數、無窮大乘一個常數還都是無窮大。

那麼一共有多少個有理數呢？答案還是無窮大。換句話說，可以將所有的有理數按照某一個順序，逐一排列起來，因而每一個有理數有一個不同對應的自然數。至於如何找出一個順序將所有的有理數逐一排列起來，那並不是一個困難的問題，我就留給有興趣的讀者了。按照這個結果，無窮大乘無窮大，還是無窮大。

我們所講的無窮大是最「起碼」的無窮大，數學上叫做「可數的無窮大」，那麼有沒有比可數的無窮大更大的無窮大呢？答案是「有」。所有實數的數目是大於所有自然數的數目的，換句話說，可以證明所有的實數和所有的自然數之間，不可能有一一對應，這如何證明呢？康托提出一個很重要、很巧妙但也很容易瞭解的方法叫做「康托對角化方法」（Cantor's Diagonal Method）來證明這個結果，有興趣的讀者就趕快去把這個方法找出來吧！

實數的數目比可數的無窮大更大，因此叫做「不可數的無窮大」（Uncountable Infinite），舉例來說，代數數的數目是可數

的無窮大，超越數的數目是不可數的無窮大。有沒有比不可數的無窮大更大的無窮大呢？還是有，有興趣的讀者可自行研究。

在文學裡，我們常用「恆河沙數」代表很多、很多，也就是很大的一個數目的意思，但「恆河沙數」畢竟是一個有限大的數目，一般的解釋是「恆河沙數」就是恆河邊上的沙粒的數目，其實按照《金剛經》的說法，如果恆河邊上的每一粒沙變成一條恆河，「恆河沙數」是沙粒的總數，用數學的符號來表示，如果恆河邊上有 n 粒沙，「恆河沙數」就是 n^2 粒沙，還是一個有限大的數目，即使 n^3、n^4……n^{100} 也還是一個有限大的數目。

《莊子‧養生主》第三裡說：「吾生也有涯，而知也無涯，以有涯隨無涯，殆已。」意思是：我們的生命是有限的，而知識卻是無窮的，用有限的生命去追求無窮的知識，殆已。「殆已」這個詞，有人翻成「那是很勞累的」，也有人翻成「那是很危險的」，我覺得不如翻成「那是需要很努力的」。大家也聽過「學海無涯勤是岸，青雲有路志為梯」，「學海無涯勤是岸」可說是對莊子的說法的回應，「青雲有路志為梯」不就是前面提過的畫一根水平線，以 0 為中點，往右逐步移動，就是＋1、＋2、＋3、＋4……的數學觀念嗎？

郵票面額的配對

老先生到郵局寄信。賣郵票的小姐說有兩種郵票，面額分別是6元及21元，老先生說我想買80元的郵票，賣郵票的小姐說：「沒辦法配得剛好。」老先生問：「為什麼？」賣郵票的小姐說：「6元被3除得盡，21元也被3除得盡，所以，不管如何配，配出來的總數也一定被3除得盡，但是，80元不能被3除得盡。」

第二天老先生又來了，賣郵票的小姐說新的郵票發行了，新的兩種郵票的面額是5元和21元，老先生說我一共需要79元的郵票，賣郵票的小姐說那沒辦法配得出來，老先生又問為什麼？賣郵票的小姐說我就是試來試去都配不出來。

第三天老先生又來了，還是只有兩種郵票，面額是5元和21元，老先生的郵資是89元，賣郵票的小姐給他一張5元和4張21元的郵票，一共89元。

第四天老先生又來了，他要的郵資是157元，賣郵票的小姐說有兩種配法，23張5元和兩張21元的郵票，或是兩張5元

和七張21元的郵票。而且從此以後老先生發現，只要郵資超過79元，賣郵票的小姐都一定能夠幫他分配好，老先生覺得這倒真有趣，決定請數學老師為他解釋。

遠在公元二百年左右，希臘數學家丟番圖（Diophantus of Alexandria）寫了一系列的書《數論》（*Arithmetica*），討論代數方程式的解答，也因此被尊稱為「代數學之父」。他特別提出以整數為係數的代數方程式，有沒有整數答案這個問題。譬如我們問 $19y - 8x = 1$ 這個代數方程式，x 等於什麼正整數，y 等於什麼正整數可以滿足這個方程式呢？答案是：$x = 7$，$y = 3$。但是讓我們看一個相似的簡單的例子，$12y - 3x = 2$，這個代數方程式卻沒有正整數答案，換句話說，沒有兩個正整數可以作為 x 和 y 的值來滿足這個方程式。驗證如下：

$$3x = 12y - 2$$

$$x = \frac{12y - 2}{3} = 4y - \frac{2}{3}$$

因此，不管 y 是什麼整數值，x 都不可能是整數。一個或者一組以整數為係數而且只接受整數或正整數為答案的方程式就叫做「丟番圖方程式」（Diophantine Equation）。

讓 a、b 和 n 是三個常數，x 和 y 是兩個未知數，$ax + by = n$

在數學上叫做「二元一次線性方程式」，這個方程式可以有很多不同的答案，我們可以隨便選一個 x 的數值叫做 x_0，然後算出相當於 y 的數值，叫做 y_0，$y_0 = \dfrac{n - ax_0}{b}$，很容易。但是，如果加上一個條件：$x$ 和 y 的答案都必須是整數，甚至是正整數，那麼就有很多不同的可能了。

回到前面老先生買郵票的問題，$a = 5$，$b = 21$ 是兩種郵票的面額，如果老先生買 x 張 5 元的郵票，y 張 21 元的郵票，那麼總數就一共 $5x + 21y$，如果郵資是 79 元，那就是說我們要找出 $5x + 21y = 79$ 這個方程式的正整數答案，但是這個方程式沒有正整數答案，怪不得賣郵票的小姐沒有辦法配出來。如果郵資是 157 元，$5x + 21y = 157$ 這個方程式有兩組正整數答案，而且如果郵資大於等於 80 元，也就是 $n \geq 80$，那麼 $5x + 21y = n$ 這個方程式一定有正整數答案。

讓我們小心地分析一下：在 $ax + by = n$ 這個方程式裡，首先假設：a、b 和 n 都是正整數，而且 a 和 b 是互質的，也就是說 a 和 b 的最大公約數是 1。遠在十九世紀德國數學家弗羅貝尼烏斯（Ferdinand Georg Frobenius）證明了只要 $n > ab - a - b$，那麼 $ax + by = n$ 這個方程式就一定有正整數答案，$ab - a - b$ 這個數字就叫做 Frobenius Number。前面提到老先生買郵票的例子裡，$a = 5$，$b = 21$；$ab - a - b = 105 - 5 - 21 = 79$，難怪只要

老先生的郵資超過79元，賣郵票的小姐一定配得出購買郵票的組合。

讓我指出弗羅貝尼烏斯的結果有兩個重要的含義，第一、對任何 a 和 b，只有有限的若干個不同的 n，$ax + by = n$ 這個方程式沒有正整數答案；第二、這些 n 的數值以 $ab - a - b$ 為上限。這兩點都可以嚴謹地證明。但是，從直覺來說，對任何已經選定的面額 a 和 b，只要 a 和 b 是互質的，高額的郵資是一定可以配出來的，倒是有點意想不到的結果[7]。

弗羅貝尼烏斯告訴我們，如果 a 和 b 是互質，而且 $n > ab - a - b$，那麼 $ax + by = n$ 這個方程式就一定有正整數答案，那麼有多少個不同數值的 n，$ax + by = n$ 這個方程式沒有正整數答案呢？十九世紀英國數學家西爾維斯特（James Joseph Sylvester）證明了：n 的數值從1到 $ab - a - b + 1$ 裡，有一半 $ax + by = n$ 有正整數答案，另外一半沒有。譬如說 $a = 5$，$n = 21$，$ab - a - b + 1 = 80$，按照西爾維斯特的結果：從1到80裡有40個 n 的數值：1、2、3、4、6、7……73、74、79，$ax + by = n$ 沒有正整數答案，另外40個 n 的數值：5、10、15、20、21……76、77、78、80，$ax + by = n$ 有正整數答案。真巧，一半、一半？是的，不管 a 和 b 是什麼數值，只要 a 和 b 是互質的，肯定是一半、一半。

---

7. 很明顯地，如果 a 和 b 不是互質，正如前面老先生碰到的6元和21元面額的郵票的例子，就有很多而且數值很大的 n，$ax + by = n$ 是沒有正整數答案的。例如 n 不是3的倍數，$6x + 21y = n$ 就沒有正整數答案。

　　一個有兩個未知數的線性丟番圖方程式 $ax + by = n$ 有相當簡單的步驟可以將所有的整數答案（包括正整數和負整數答案）列出來。舉例：$5x + 21y = 157$ 這個丟番圖方程式，所有的整數答案可以寫成：$x = -628 + 21t$，$y = 157 - 5t$，$t = 0$、1、2、3……，例如：$t = 0$，$x = -628$，$y = 157$ 是一組整數答案；$t = 30$，$x = 2$，$y = 7$ 是一組正整數答案；$t = 31$，$x = 23$，$y = 2$ 又是另一組正整數答案。

　　老先生買郵票的問題，可以推廣到有三種不同面額的郵票，a、b、c，所以我們就問 $ax + by + cz = n$ 這個方程式，x、y 和 z 三個未知數是否有正整數答案？如果 a、b、c 的最大公約數是 1，那麼和前面只有兩種面額郵票的情形相似，只要 n 大於某一個數值，$ax + by + cz = n$ 就肯定有正整數答案，這個數值就叫做 a、b、c 的 Frobenius Number。不過數學家還沒有找到一個簡單的公式可以把 a、b、c 的 Frobenius Number 表達出來。倒是對已知的 a、b、c，我們可以用算法把它的 Frobenius Number 找出來。舉例來說，4、7、12 的 Frobenius Number 是 17；4、9、11 的 Frobenius Number 是 14；6、9、20 的 Frobenius Number 是 43。到麥當勞買麥克雞塊，小盒 6 塊、中盒 9 塊、大盒 20 塊，只要超過 43 塊，就一定配得出來。四種或者四種以上不同面額郵票的結果也能夠相似地推廣。

一個有趣的例子

讓我們再看一個二元一次線性丟番圖方程式的例子：有五個水手，他們的船在風浪裡沉沒了，逃生到一個小島上，發現椰子樹上有一大堆椰子，旁邊站著一隻猴子，他們同意先休息一個晚上，第二天早上起來再把椰子平分為五等分。到了半夜，第一位水手偷偷爬起來把椰子分成五等分，還剩下一個，他把剩下來的那一個給了猴子，自己拿了1/5藏起來，把剩下來的椰子留在樹底下又回去睡覺了。過了一會兒，第二位水手也偷偷地爬起來，把留在樹底下的椰子分成五等分，又剛剛好剩下一個，他也將剩下來的那一個給了猴子，自己拿了1/5藏起來，也將剩下的椰子留在樹底下，然後回去睡覺了。第三位水手也是如法炮製，第四位及第五位皆是如此。第二天早上，大家起來了，都裝著若無其事，跑到樹底下，大家一起將椰子分成五等分，又恰巧剩下一個，也把這一個椰子給了猴子，請問：原來有幾個椰子？假設一開始樹底下有 a 個椰子，每經過一個水手偷偷私藏之後，剩下來的是 b、c、d、e、f 個椰子，因此：

$$b = (a - 1) - \frac{a-1}{5} = \frac{4}{5}(a-1)$$

$$c = \frac{4}{5}(b-1)$$

$$d = \frac{4}{5}(c-1)$$

$$e = \frac{4}{5}(d-1)$$

$$f = \frac{4}{5}(e-1)$$

換句話說，f是第二天早上五個水手在一起的時候剩下來的椰子數目，因此，用g來代表第二天早上每個水手最後平分得到的椰子的數目為：

$$g = \frac{1}{5}(f-1)$$

這個六個方程式可以簡化為：$1024a - 15625g = 11529$。

因為1024和15625是互質，這個丟番圖方程式有正整數解，而且最小正整數解是$a = 15621$、$g = 1023$。換句話說，除了每個水手自己偷偷藏起來的椰子外，第二天早上每人分到1023個椰子。

一個古老的例子

最後，讓我為大家講一個古老的例子，而且它的答案毫無疑問會令您瞠目結舌。

大家都記得阿基米德（Archimedes of Syracuse, 287-212 B.C.）是公元前兩百多年希臘的數學家。他提出了一道牛群裡一共有多少頭牛的題目，還輕鬆地把這道題目用一首詩的形式表達出來，他這道題目是1773年在德國一間圖書館藏他的手稿裡發現的。這首詩一開始是這樣說的：

> 朋友，如果您自認勤奮和聰明，那您就來算算太陽神的牛群裡有多少頭牛吧！牠們聚集在西西里島上，分成四群在悠閒地吃草，一群是毛色像乳汁一樣的白牛，一群是毛色閃耀有光澤的黑牛，一群是毛色棕色的棕牛，一群是毛色斑斑點點的花牛，當然每群牛又分成公牛和母牛，讓我告訴您：白色公牛的數目等於 $\frac{1}{2}$ 黑色公牛再加上 $\frac{1}{3}$ 黑色公牛再加上所有棕色公牛的數目。

接下來，還有其他相似的條件，就不在這裡敘述了。這些條件可以寫成七個方程式，用大寫A、B、C、D代表四種公牛的數目，用 a、b、c、d 代表四種母牛的數目，有三個方程式用公牛的數目來表達公牛的數目：

$$A = (\frac{1}{2} + \frac{1}{3})B + C$$

$$B = (\frac{1}{4} + \frac{1}{5})D + C$$

$$D = (\frac{1}{6} + \frac{1}{7})A + C$$

另外，四個方程式用公牛和母牛的數目來表達母牛的數目：

$$b = (\frac{1}{3} + \frac{1}{4})(B + b)$$

$$d = (\frac{1}{4} + \frac{1}{5})(D + d)$$

$$a = (\frac{1}{6} + \frac{1}{7})(A + a)$$

$$c = (\frac{1}{5} + \frac{1}{6})(C + c)$$

阿基米德的問題就是在這七個方程式裡，找出八個未知數的正整數答案。這個題目並不困難，最小的一組正整數答案是：

A = 10,366,482，a = 7,206,360

B = 7,460,514，b = 4,893,246

C = 4,149,387，c = 5,439,213

D = 7,358,060，d = 3,515,820

加起來總共是 50,389,082 頭牛。

不過，阿基米德接著在詩裡說：假如您將題目解到這裡，您當然不算無知和無能，但是還不能被算入聰明之列，讓我們加上兩個條件，白色公牛和黑色公牛的總數是一個完全平方，換句話說 $A + B = m^2$，棕色公牛和花色公牛的總數是一個三角形數，換句話說，$C + D = \dfrac{m(n+1)}{2}$，$m$ 和 n 都是正整數。

這道題聽起來簡單，但是需要用來解這道題的數學是相當複雜的，首先，讓我交代一下：可以證明阿基米德的問題有無窮個正整數解。

到了 1880 年德國數學家安索爾（A. Amthor）聲稱找出了一個答案，他說牛群裡的牛總數是一個 206,545 位數，前面四個數位是 7766……，他的答案大致是接近的，但是並不完全準確，當然，Amthor 不是瞎猜，可是，他的計算使用對數（Logarithm），而當時對數計算的精準度是不夠的。這其中一個重要的步驟就是決定 $x^2 - 41028642327842\,y^2 = 1$ 這個丟番圖方程式的正整數答案。

到了 1965 年，三位數學家靠電腦的輔助，將最小的答案

算出來，到了1981年，在超級電腦上花十分鐘的時間就把答案找到，並且在印表機上印出來，那是一共是有四十七頁的一個206,545位數，77602714……237983357……55081800，其中每一個點（·）代表34420個數位。如果一個人用手把這個數字寫出來，一秒鐘一個數位，那要寫兩天九小時二十二分鐘二十五秒，這可真是一個驚人的數目！

當然，有趣的是：阿基米德知不知道這道題的答案是什麼？

畢氏定理

　　3、4、5是一組有趣的數字：$3^2 + 4^2 = 5^2$。5、12、13也有同樣的關係：$5^2 + 12^2 = 13^2$，還有44、117、125，$44^2 + 117^2 = 125^2$。這一組三個整數a、b、c，滿足$a^2 + b^2 = c^2$這個關係，叫做「畢氏三元組」（Pythagorean Triple），也叫做勾股數。

　　按照考古學家的考證，遠在公元前一千八百年，巴比倫人已經發現了畢氏三元組這個觀念和若干例子。按照中國歷史上《周髀算經》（公元前五百年左右）的記載，遠在公元前一千一百年，西周時代的數學家商高也已經觀察到（3, 4, 5）是一個畢氏三元組的例子。

　　從$a^2 + b^2 = c^2$這麼一個簡單的關係開始，可以導引出很多有趣的結果：首先，如果（a, b, c）是一個畢氏三元組，把a、b、c都乘上一個常數k，當然（ka, kb, kc）也是一個畢氏三元組，例如：（3, 4, 5）是一個畢氏三元組，（6, 8, 10）、（30, 40, 50）也是。讓我們排除這些明顯而趣味不大的延伸，規定a、b、c中任何兩個數字都是互質的（Coprime），

就是任何兩個數字沒有公因子（共同的除數）。那麼我們的第一個問題是一共有多少個不同的畢氏三元組呢？答案是無窮大。遠在古希臘時期，數學家歐基里德已經發現一套公式可以用來寫下無窮大那麼多個畢氏三元組。

接下來讓我們從 $a^2 + b^2 = c^2$ 這個關係，講一些有趣而且似乎意料不到的結果，例如：

1. 在 a、b、c 裡，a 和 b 一個是奇數、一個是偶數。

2. 在 a、b、c 裡，c 一定是奇數。

3. 在 a、b 裡，有一個也只有一個數字能被3除盡[8]。

4. 在 a、b 裡，有一個也只有一個數字能被4除盡[9]。

5. 在 a、b、c 裡，有一個也只有一個數字能被5除盡[10]。

6. 在 a、b、$a + b$、$b - a$ 這四個數字裡，有一個只有一個數字能被7除盡，例如在（3, 4, 5）裡，$3 + 4 = 7$，被7除盡，在（33, 56, 65）裡，56被7除盡，在（48, 55, 73）裡，$55 - 48 = 7$，被7除盡。

7. 在 $a + c$、$b + c$、$c - a$、$c - b$，這四個數字裡，有一個也只有一個數字能被8除盡，有一個也只有一個數字能被9除盡，例如在（3, 4, 5）裡，$3 + 5 = 8$，被8除盡，$4 + 5$ 被9除盡。

8. c 本身也一定是兩個平方的和，例如在（3, 4, 5）裡，5

8.、9.、10. 我不會在這裡把證明講出來，讓我舉幾個例子，在（3, 4, 5）裡，很明顯這三個條件都滿足，在（33, 56, 65）裡，33被3除盡，56被4除盡，65被5除盡，在（48, 55, 73）裡，48被3除盡，也被4除盡，55被5除盡。這就引起一個推想，（3, 4, 5）是最小的畢氏三元組，那麼以（3, 4, 5）這個畢氏三元組為出發點，是不是有可能找出所有的畢氏三元組呢？答案是：是的，從一個畢氏三元組我們有一個方法找出三

$= 1^2 + 2^2$，在（33, 56, 65）裡，$65 = 4^2 + 7^2$，在（48, 55, 73）裡，$73 = 3^2 + 8^2$。

接下來，讓我講兩個更有趣的結果。

9. 在 a、b、c 三個數字裡，最多只有一個數字是完全平方，例如在（3, 4, 5）裡，4是2的平方，在（17, 144, 145）裡，144是12的平方，在（33, 56, 65）裡，沒有一個是完全平方。

要證明這個結果，十七世紀法國數學家費瑪（Pierre de Fermat），也就是我們後面要講的另一個故事的主角，發明了一個叫做「無窮遞降方法」（Infinite Descent），這個方法是反證法裡的一個方法。在數學和邏輯學裡，如果我們想要證明一個結果是錯誤的話，反證法是常用的一種方法：我們先假設某一個結果是對的，然後從這個結果導引出一個已經知道是錯誤的結果，因此就可斷定原來的假設是錯誤的。一個有名的故事就是《韓非子‧難一》裡講的，有一個人在街頭賣長矛和盾牌，他說：「我的長矛可以刺穿世界上任何的盾牌。」又說：「我的盾牌可以抵擋世界上任何的長矛。」在旁觀看的人就問他：「如果用您的長矛去刺您的盾牌，結果會如何呢？」這就證明了他原來說法不可能是對的，也就是「自相矛盾」這句話的出處。讓我舉一個數學裡的例子：我們要證明在所有整數裡有無窮多個質數，那麼反過來假設在所有整數中「只有有限個質數」，

個新的畢氏三元組，這一來從1變3，3變9，源源不斷。從數學的觀點來說，我們必須證明這個方法可以把所有的畢氏三元組找出來，一個也不少。雖然畢氏三元組這個觀念有三、四千年的歷史，有系統地從1變3，從3變9產生新的畢氏三元組卻是到了二十世紀才有人想到這一條路，我要說的正是科學的發展是日新月異、層出不窮的。

那麼我們把這些質數全部乘起來加1，這是另外一個質數，也就是反證了「只有有限個質數」這個說法了。要證明在畢氏三元組，a、b、c裡最多只有一個數字是完全平方，費瑪說假設在a、b、c裡有兩個數字是完全平方，從a、b、c這三個數字，他可以找出另外一個畢氏三元組，a_1、b_1、c_1裡也有兩個數字是完全平方，而且c_1比c小，這一來他也可以找出另外一個畢氏三元組，讓我們稱為a_2、b_2、c_2裡，也有兩個數字是完全平方，而且c_2比c_1小，這樣不斷遞減下去，我們最終走到一個不可能存在的畢氏三元組，這就證明了原來的假設「在a、b、c三個數字裡，有兩個是完全平方」是錯誤的了。這是基本的觀念，不過，這裡所需要用到的也只是高中程度的代數而已。

10. 費瑪問在a、b、c三個數字裡，可不可能$a+b$是個完全平方，c也是個完全平方，答案是不但可能，費瑪也證明了有無窮個答案，其中最小的答案a、b、c都是13位的數字：

$a = 1,061,652,293,520$

$b = 4,565,486,027,761$

$a + b = (2,372,159)^2$

$c = 4,687,298,610,289 = (2,165,017)^2$

您會問費瑪怎麼把這些數字找出來的？他的方法十分巧妙，但是有理可循，容易看得懂。數學就是那麼有趣的一門學問。

幾何的觀點

接下來，讓我們從幾何的觀點來談畢氏三元組。大家都記得在幾何裡，直角三角形是一個三角形，其中有一個角是 $90°$。讓 a、b、c 代表一個正直角三角形三邊的長度，c 是對著 $90°$ 角那一邊，也是最長的一邊，叫做「斜邊」，a 和 b 都叫做「邊」。在中國古代的記載裡，斜邊 c 叫做「弦」，比較短的一邊 a 叫做「勾」，比較長的一邊 b 都叫做「股」，這就是在中國古代畢氏三元組被稱為「勾股數」的原因。

一個大家都熟悉、可是仔細想一下都是相當神妙的結果，任何一個直角三角形的三邊 a、b、c 一定滿足 $a^2 + b^2 = c^2$ 這個條件，而且 a、b、c 並不限於是整數，這個結果就叫做「畢氏定理」（Pythagorean Theorem）。畢達哥拉斯（Pythagoras）是公元前五百年左右希臘的數學家。在西方數學歷史裡，將他視為發現證明這個結果的人，不過，我們在前面講過，按照中國數學歷史的記載，公元前一千一百年西周時代的數學家商高也已經觀察到這個結果，所以，在中文裡這個定理也叫做「商高定理」。

畢氏定理是如何證明的呢？據說大概有三百多個不同的方法，這可以說是數學裡有最多不同的方法去證明的一個結果，讓我選一個差不多光靠一張圖就可以將結果說出來的證明：首

先，一個三邊是 a、b、c 的直角三角形，面積是 $\frac{1}{2}ab$。接下來，讓我畫一個邊長是 $a+b$ 的正方形，面積是 $(a+b)^2$，在這個正方形的四個角上分別剪下一個三邊是 a、b、c 的直角三角形，如圖 4-2 所示，這個四個直角三角形的面積是 $4 \times \frac{1}{2}ab = 2ab$。剩下來的是一個邊長是 c 的正方形，它的面積是 c^2，因為原來的正方形的面積是這四個直角三角形的面積加上邊長是 c 的正方形的面積。所以，$(a+b)^2 = 2ab + c^2$，經過簡化後得出 $a^2 + b^2 = c^2$。

大家都記得在國中的時候，就學過畢氏定理的應用：例如游泳池兩邊的長度是 15 公尺和 25 公尺，那麼對角的長度是 $\sqrt{15^2 + 25^2} = 29.155$ 公尺；另外，101 大樓的高度是 508 公尺，因此站在地面上離開 101 大樓 1,000 公尺的地方，地面和大樓頂

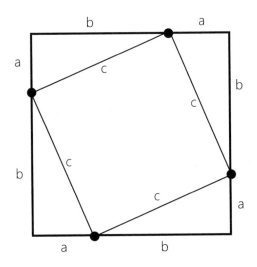

圖 4-2

上尖塔的直線距離是 $\sqrt{508^2 + 1000^2} = 1121.635$ 公尺。

讓我再舉一個例子：一個長方形，邊長是 P 和 Q，如何找出一個面積相同的正方形？長方形的面積是 $P \times Q$，所以面積相同的正方形的邊長是 $\sqrt{PQ}$，讓我們畫一個直角三角形，斜邊的長度是 $\frac{1}{2}(P+Q)$，一邊的長度是 $\frac{1}{2}(P-Q)$，那麼另外一邊的長度正好是 $\sqrt{PQ}$ 了。您看畢氏定理多有用！

再談無理數

上面幾個簡單的例子指出畢氏定理引進了一個重要的運算功能，那就是開平方，而且從開平方這個運算，古希臘數學家發現了無理數（irrational number）這個觀念。當我們畫一個兩邊長度都等於1的直角三角形，斜邊就等於 $\sqrt{1^2 + 1^2}$，那就是 $\sqrt{2}$，但 $\sqrt{2}$ 是一個無理數，據說當時和畢達哥拉斯一起的數學家震驚之餘，還把發現 $\sqrt{2}$ 是無理數的數學家丟到大海裡。

那麼，怎樣證明 $\sqrt{2}$ 是一個無理數呢？讓我們用反證法：假設 $\sqrt{2}$ 是有理數，也就是說 $\sqrt{2}$ 可以寫成一個整數被另一個整數除，讓我們把分子和分母所有的共同的因子都消掉，把 $\sqrt{2}$ 寫成 $\frac{P}{Q}$。那麼 $2 = \frac{P^2}{Q^2}$，可以寫成 $P^2 = 2 Q^2$，因此，P^2 是偶數，P 也是偶數。因此，P^2 被2除也是偶數，因此，Q^2 也是偶數，Q 也是偶數。但是，P 和 Q 都是偶數，就和原來 P 和 Q 沒有共同因子

的條件衝突，歸根究柢，錯誤出在我們的假設把 $\sqrt{2}$ 寫成 $\dfrac{P}{Q}$。

讓我們用費瑪的無窮遞降法來證明 $\sqrt{2}$ 是無理數：假設 $\sqrt{2}$ $= \dfrac{P}{Q}$，如果我們將分子、分母同時乘上 $(\dfrac{P}{Q}-2)$，即為：

$$\sqrt{2} = \frac{P\left(\dfrac{P}{Q}-1\right)}{Q\left(\dfrac{P}{Q}-1\right)} = \frac{\dfrac{P^2}{Q}-P}{P-Q}$$

但是，$\sqrt{2} = \dfrac{P}{Q}$，也就是 $2Q^2 = P^2$

所以，$\sqrt{2} = \dfrac{\dfrac{2Q^2}{Q}-P}{P-Q} = \dfrac{2Q-P}{P-Q}$

請注意，$2P > 2Q$ 和 $2Q > P$，因此 $2Q-P < P$ 和 $P-Q < Q$，也就是我們找到了比原來的 P 和 Q 小的兩個整數，而 $\sqrt{2}$ 也可以寫成這兩個整數相除。重複這樣做下去，我們達到一個不可能的結果，也就證明了原來的假設是錯的。

其實，證明 $\sqrt{2}$ 是一個無理數，也有十幾二十個不同的方法，我要為大家講一個不但很簡單而且也是在1952年一個大學一年級學生想出來的，我的目的還是和前面講的一樣，科學變化是日新月異的，幾千年以前證明出來的結果還是有新的方法可以來證明，而且英雄出少年，大家也不要妄自菲薄。首先，

大家都很熟悉用「二進位數」（Binary Number）來代表任何整數的觀念，一個二進位數是一連串的「0」和「1」。我們也可以用「三進位數」（Ternary Number）來代表任何整數，一個三進位數是一連串的「0」、「1」和「2」。讓我們假設 $\sqrt{2}$ 等於 $\dfrac{P}{Q}$，也就是 $2Q^2 = P^2$。當我們用三進位數來代表 P 時，如果 P 最後一個非零的數位是 1，則 P^2 最後一個非零的數位必定是 1，如果 P 最後一個非零的數位是 2，則 P^2 最後一個非零的數位也必定是 1；同樣的理由，Q^2 最後一個非零的數位也必定是 1，因此 $2Q^2$ 最後一個非零的數位一定是 2。結論是 $2Q^2$ 不可能等於 P^2，也就證明了 $\sqrt{2}$ 不是有理數。

費瑪最後的定理

在物理學裡，電力和磁力原來被認為是兩個獨立的自然力量，到了十八世紀以後，經由安培（André-Marie Ampère, 1775-1836）、法拉第（Michael Faraday, 1791-1867）、麥克斯威爾（James Clerk Maxwell, 1831-1879）的研究才發現兩者之間有密切的互動關係，這也就是現代發電機和馬達建造的基本原理。

在中學的幾何課裡，我們討論直線、三角形、圓形、橢圓形、拋物線；在代數課裡，我們討論一元一次方程式、多元多次方程式；到了解析幾何課，我們討論幾何和代數之間的關係。

微分方程、偏微方程是抽象的數學觀念，可是卻和空氣流動、潮汐漲退的現象有密切的關係。

上面談到的畢氏三元組，從 $a^2 + b^2 = c^2$ 這個關係開始，導出許多有趣的結果，這似乎純粹是一個代數問題，但是多年以前中國和古希臘數學家也發現，任何一個直角三角形，如果它的兩邊長度是 a 和 b，它的斜邊的長度是 c，那麼 $a^2 + b^2$ 一定會等於 c^2，這又是一個幾何學的問題，代數和幾何又碰頭了。

我繼續從畢氏三元組講起：

我們說一個畢氏三元組，a、b、c 滿足 $a^2 + b^2 = c^2$ 這個關係，另外一個說法是在有三個未知數的代數方程式 $x^2 + y^2 = z^2$ 裡，$x = a$，$y = b$，$z = c$ 就是這個方程式的一組正整數答案，而且我們知道有無窮大那麼多組畢氏三元組，因此這個方程式有無窮大那麼多組正整數答案。

這個例子的一個自然的延伸，也可以說是十七世紀初數學家費瑪（Pierre de Fermat）提出的，他首先深入研究提出的問題就是 $x^3 + y^3 = z^3$，$x^4 + y^4 = z^4$，一直到任何一個 n，$x^n + y^n = z^n$，這些方程式有沒有正整數答案。

費瑪是法國人，他在 1601 年出生，其實，他的本業是律師，只是業餘的數學家，但是，他往往被稱為最偉大的數學家。他一輩子只發表過一篇數學論文，幸好在他過世之後，他的兒子花了五年時間，整理了他許多有關數學的筆記和來往信件，彙集成冊發表，其中一個最重要的發現是費瑪在讀丟番圖那一系列的書時，他在書裡一頁的邊緣寫下一句話：「任何一個正整數的三次方，不能寫成兩個正整數的三次方的和；任何一個正整數的四次方，不能寫成兩個正整數的四次方的和；推而廣之，對 $n > 2$，任何一個正整數的 n 次方，不能寫成兩個正整數的 n 次方的和。換句話說 $x^n + y^n = z^n$ 這個代數方程式，沒有

正整數答案。」

費瑪又加了一句話：「我發現了一個奇妙無比的證明，可是書頁邊上的空白不足夠讓我把證明寫下來。」可是，後來在他所有的文件裡，都找不到這個證明，所以，一個千古疑問是到底費瑪真的發現了一個奇妙無比的證明呢？還是他根本沒有發現？還是他發現的證明是錯的？

因此「$x^n + y^n = z^n$，$n \geq 3$，沒有正整數答案」這句話一直是一個猜想，直到1994年被完整地證明之後才能說是一個定理。不過，大家一直模糊地說這是「費瑪的猜想」或者「費瑪最後的定理」，為什麼大家將這個結果稱為「費瑪最後的定理」呢？因為，在費瑪的手稿裡，有許多沒有完整證明的猜想，都先後一一被解決了，剩下來這個拖了三百五十年才被證明的結果，也就被稱為「費瑪最後的定理」。

不過，費瑪倒的確證明了 $n = 4$ 這個案例，也就是 $x^4 + y^4 = z^4$ 這個方程式沒有正整數答案，費瑪用的方法就是前面提過，他發明的無窮遞降法，那是一個非常有用、費瑪也很得意的反證法。

$n = 3$，也就是 $x^3 + y^3 = z^3$ 這個方程式沒有正整數答案這個案例是在費瑪以後差不多過了七、八十年由瑞士籍的數學家尤拉（Leonhard Euler）證明的。當然我們不可能在這裡討論他的

證明，不過，有一些有趣的故事倒可以順便提一下。尤拉證明的方法也是模仿費瑪的無窮遞降法，不過，也加上許多微妙的巧思，特別是這表面是一道有關正整數的題目，尤拉帶進了虛數和複數的觀念來證明這個結果[11]。其實，尤拉原來的證明裡有一個不算小的錯誤，後來被修補過來，尤拉被公認為數學史上最偉大的數學家之一，可見，即使最偉大的數學家也難免有疏忽的地方。

自從費瑪在他的手稿裡想出這個問題之後，經過七、八十年的時間，基本上只有 $n = 3$ 和 $n = 4$ 兩個案例被解決了，而我們有無窮大那麼多個案例要處理。當然，只要我們能夠證明 n 等於任何質數，「費瑪的猜想」是對的話，也就夠了，因為如果任何質數 n，$x^n + y^n = z^n$ 沒有正整數答案，那麼任何合成數 n（Composite Number）也不會有答案，但是我們還是有無窮大那麼多個質數要處理呀！

法國數學家傑曼

能夠比較全面來看這個題目，向前跨出重要一大步的是十八世紀末期的法國數學家傑曼（Sophie Germain）的貢獻。

傑曼觀察到一個特例：當 n 是一個質數，而同時 $2n + 1$ 也是一個質數時（例如：$n = 5$，$2n + 1 = 11$，5 和 11 都是質數，n

11. 雖然遠在希臘時代，數學家已經想到虛數這個觀念，可是一直到了十八世紀，經由尤拉的工作，才被大家廣泛接受使用。「i」這符號就是由尤拉選用的。

$= 23$，$2n + 1 = 47$，23和47都是質數。）如果$x^n + y^n = z^n$有正整數答案的話，這個答案必須滿足「x、y、z裡，頂多只有一個能夠被n除盡」這個條件，這個條件可以幫忙消除許多不需要考慮的可能。從這裡出發，有兩位數學家同時解決了$n = 5$這個案例；後來又有一位數學家解決了$n = 7$這個案例，接下來許多$n < 100$的質數的案例也先後被解決了。

講到這裡，我打個岔，傑曼是一位女性數學家，她甚至被稱為歷史上最傑出的女性數學家，而且，她在物理學上也有重要的貢獻，可是因為那時候科學界對女性的歧見，加上她內向的個性，當她要把研究結果寄給高斯（Carl Friedrich Gauss）請教時，她用了假名「白先生」（Monsieur Le Blanc）來掩飾她的身分。她和高斯信件來往的討論，啟發了許多她在「費瑪的猜想」方面的研究工作。

可是高斯本人對「費瑪的猜想」並沒有興趣，當他的好朋友告訴他有關解決「費瑪的猜想」的大獎時，高斯的回應是我對這個孤立的題目沒有多大興趣，我相信自己也可以提出若干同樣沒有人能夠證明是對還是不對的題目。當然高斯有他的見地和理由，但是如果我們狹義地解釋他這句話：這樣一位大師也有見木不見林的時候，把「費瑪的猜想」看成一個孤立的題目，而沒有把它看成一個可以策動數學裡許多新的觀念和方法

的題目。

不過，傑曼的身分後來還是在高斯面前暴露了。1806年拿破崙的軍隊進攻德國，逐一占據許多德國的城市，傑曼擔心高斯的安全，特別寫了一封信給她認識的一位法國將軍，請他保護高斯生命的安全，這位將軍告訴高斯他是受傑曼小姐之託的時候，高斯覺得很訝異，他從來沒有聽過傑曼小姐這個名字，事到如此，傑曼只好向高斯坦白。高斯不但沒有生氣，而且給她寫了一封充滿了讚美的信。他說：「能夠領悟和體會抽象的科學，特別是充滿了神祕的數字，是十分罕見的，只有那些有勇氣去做深入探討的人，才能展現出數學裡面引人入勝的魅力。由於我們的傳統和偏見，如果一位女性想要熟悉和瞭解棘手的研究內容，超越重重的障礙和深入地鑽研冷僻的東西，她一定會碰到比男性更多的困難。因此，她毫無疑問具有最崇高的勇氣，異常的才華和過人的天分。」

傑曼的結果為解決「費瑪的猜想」的研究帶來一股動力。某某人用某種方法解決了「費瑪的猜想」的傳言，傳說紛紜。1847年3月1日，法國科學院裡有一場充滿戲劇性的學術會議。有名的數學家拉梅（Gabriel Lamé）在早幾年前解決了 n ＝7這個案例，宣布說已經非常接近解決「費瑪的猜想」了。雖然他目前的證明尚未完整，但是他敘述了研究大綱，並且預

告在幾個禮拜之內就可以發表他完整的證明。當拉梅震撼全場的演說結束之後，另一位有名的數學家柯西（Augustin-Louis Cauchy），馬上上臺宣布他也沿著和拉梅相似的思路做研究，並且在短期之內將會發表完整的證明。顯然的，他們兩位是和時間賽跑，按照當時的習慣，三個禮拜之後，他們各自把結果放在密封的信封裡，送到科學院去，作為將來可能對優先權有所爭議的證據。當然大家都想知道「費瑪的猜想」是不是的確被證明了，也想知道到底拉梅和柯西哪個是贏家。到了5月24日那天，拉梅和柯西都沒有登臺，主席宣讀了德國數學家庫默爾（Ernst Kummer）的信，他指出拉梅和柯西的證明都犯了不可補救的錯誤，當他們把正整數做因式分解時，只考慮正整數的因子，卻忽略了正整數也可以有複數的因子，這又是大數學家也可能有疏忽的地方的例子。這不正是「虛則實之，實則虛之」這句話嗎？

大約三百年以來，「費瑪的猜想」許多案例都先後被解決了，到了1950年代，有了電腦來幫助進行高速的計算，在1954年，$n = 2521$以下的案例都被解決了。到了1980年代，$n = 125,000$以下的案例也都被解決了。到了1993年，$n = 4,000,000$以下的案例都被解決了，但是這都無法確定「費瑪的猜想」到底是對還是錯？

首先，即使電腦演算的速度非常高，我們也不能只靠「蠻力」來解決一個案例，因為對一個固定的 n，還是有無窮大那麼多個可能的 x、y、z，因此，還是必須靠若干個數學上找出來的條件，把無窮大的演算變成有限的演算。再者，用電腦來逐一解決案例，只能說在這些案例裡都沒有找到反例，我們既不能說「費瑪的猜想」是錯的，也不能從 4,000,000 個案例下結論說「費瑪的猜想」是對的[12]。

多年來許多數學家，包括許多所謂業餘的數學家，都嘗試全面地解決「費瑪的猜想」，有人說錯誤的證明的數目，可能在一千個以上，等到 1994 年，「費瑪的猜想」終於由普林斯頓大學的數學教授懷爾斯（Andrew Wiles）證實了。

谷山豐、志村五郎的猜想

要講懷爾斯怎樣證明「費瑪的猜想」，我們得從兩位日本數學家谷山豐（Yutaka Taniyama）和志村五郎（Goro Shimura）的猜想談起。這個猜想通常被稱為「Taniyama-Shimura 猜想」。谷山豐和志村五郎是 1950 年初期在東京大學的兩位年輕數學家，二次大戰以後，日本正處於復甦階段，年輕的數學家往往只靠自己的努力和彼此之間的切磋獲取新知以求進步。1955 年在東京舉行的國際數學會議上，他們提出一個猜想，這個猜想

---

12. 在物理、化學、生物等自然科學裡，科學家常會根據大量資料和證據下結論，但在數學裡，這是既不被接受也非常危險的事，比方，「31」是質數，「331」和「3331」也是，若大膽假設一連串的「3」後面加上一個「1」就是質數，雖然「33,331」、「333,331」，6 個「3」後面一個 1，7 個「3」後面一個 1，都是質數。但 8 個「3」後面一個「1」卻不是質數（333,333,331 ＝ 17×19,607,843）。

認為在數學上有兩種似乎是不大相關的函數，是有密切關聯的。我用一個簡單的比喻來說明這個猜想。

地面上有無窮大那麼多根小草，天空中有無窮大那麼多顆星星，谷山豐和志村五郎的猜想說：每根小草都有一顆對應的星星，每根小草有它的DNA，每顆星星有它的DNA，每根小草和它相對應的星星的DNA是完全一致的；不過，不同的小草可能有相同的DNA，因此也有相同的對應的星星。換句話說，按照谷山豐和志村五郎的猜想，如果有人告訴你，他有一根小草，但是這根小草沒有對應的星星，那麼他是在騙你，這根小草是不可能存在的。當然，在谷山豐和志村五郎的猜想裡講的不是小草和星星，而是數學裡的兩種函數，一種是「橢圓曲線」（Elliptic Curves），它的DNA是一連串正整數，叫做它的L-series，另一種是「模形式」（Modular Forms），它的DNA也是一連串的正整數，叫做它的M-series。谷山豐和志村五郎的猜想說：每一條橢圓曲線有一個對應的模形式，這條橢圓曲線的L-series和對應的模形式的M-series是一致的。

簡單地說，他們都是有兩個複數變數的函數。橢圓曲線和模形式都不是嶄新的數學觀念，遠在大約公元二百年，前面講過的希臘數學家丟番圖已經對橢圓曲線做了相當多的探討，模形式的研究在十九世紀初期，也已經相當深入了。但是經由

谷山豐和志村五郎的猜想，把這兩種函數連起來，倒是一個石破天驚的想法。谷山豐和志村五郎的猜想就像是一座橋，將數學裡的兩個似乎是不相連的孤島連接起來，在花花草草的世界裡，大家講的是一種語言、技巧和結果，在星星月亮的世界裡，大家講的是另一種語言、技巧和結果，谷山豐和志村五郎的猜想就可以扮演翻譯、溝通互相輔助的角色。

很不幸地，1958年在沒有看到他的猜想被證實以前，谷山豐毫無預警地自殺身亡了。從1960年代開始，許多數學家都想證實谷山豐和志村五郎的猜想，雖然很多例證都支持這個猜想，卻沒有人能夠把這個猜想完全證明出來。

1984年德國數學家傅萊（Gerhard Frey）提出一條重要的思路，把「費瑪的猜想」和谷山豐和志村五郎的猜想連起來，他說：如果「費瑪的猜想」是錯的話，換句話說，如果我們可以找到 x、y、z 和 n，滿足 $x^n + y^n = z^n$ 這個方程式，那麼我們就可以找到一條橢圓曲線，這條橢圓曲線是沒有對應的模形式的，那就是說谷山豐和志村五郎的猜想是錯誤的了。反過來，如果谷山豐和志村五郎的猜想是對的，這條橢圓曲線就不可能存在，那麼「費瑪的猜想」就是對的了。換句話說，只要能夠證明谷山豐和志村五郎的猜想就等於證明了「費瑪的猜想」。

傅萊的思路很明顯非常重要和令人興奮，但是，在數學

上的論述是有瑕疵的，因此，後來被修正為一個猜想，叫做「epsilon猜想」。雖然許多數學家都馬上嘗試要證明這個結果，可是，過了一年多，沒有人成功，其中有一位是UC Berkeley的數學教授瑞貝（Ken Ribet），他有一個認為似乎可行的想法，可是經過不斷努力，始終沒有走通。在一個數學大會上，他將想法告訴他的好朋友哈佛大學的梅舒教授（Barry Mazur）。梅舒聽了之後，大惑不解地說：「你不是已經把結果證明出來了嗎？只要在你的證明裡，補充加上一個gamma-zero of (M) structure，就水到渠成了。」

瑞貝在回憶錄裡說：他看看梅舒，看看自己那杯咖啡，回看梅舒，那是他數學研究的生命過程中，最美好的一刻。一位大師看出一條重要的思路，其中卻有不完整的瑕疵；另一位大師努力了十八個月，卻被一個小小的盲點擋住了；又有一位大師靈光一現，一語道出了玄機，點鐵成金。這就是科學研究裡，神妙和美妙的地方。

傅萊和瑞貝的結果，指出證明「費瑪的猜想」的一條路，就是證明谷山豐和志村五郎的猜想，但是那看起來可不是一件簡單的事。

---

13. 德國數學家希爾伯特（David Hilbert）對近代數學影響深遠。當有人問他為何不嘗試解決「費瑪的猜想」時，他說：「這得先用三年時間細讀文獻，我沒有這麼多時間用在一個很可能失敗的研究題目上。」1900年他在巴黎國際數學大會發表一篇文章，提出數學裡二十三道重要和極具挑戰性的題目，時至今日，這些題目有些被解決了，有些還是未解，這些題目大大影響了二十世紀數學研究的方向，其中的第十道

懷爾斯的貢獻

懷爾斯是普林斯頓大學的數學教授，在英國出生，他十歲時，在圖書館看到一本有關數學的書裡提到「費瑪的猜想」，當時他認為題目是那麼簡單淺顯，一定要嘗試解決這道題目。他在牛津大學拿到學士學位，在劍橋大學拿到博士學位，他的博士論文就是有關橢圓函數的研究。當他在1986年聽到瑞貝的結論時，就決定要經由證明谷山豐和志村五郎的猜想來證明「費瑪的猜想」。

懷爾斯花了差不多一年多的時間，深入地細讀和瞭解所有橢圓曲線和模形式相關的文獻，他拋開一切與這個研究題目無關的雜事，也不出現在校外的學術會議上。雖然他沒有忽略教授大學部課程的責任。這的確是無比的決心和龐大心力的投入[13]。

懷爾斯埋首苦讀，而且決定一個人單獨進行這項研究工作，不但不和別人討論，甚至也不告訴別人他新選擇的研究題目，而且為避免啟人疑竇，他還把目前已經大致完成的研究工作，分成幾篇論文，每隔幾個月發表一篇，讓大家以為他的研究工作還是照舊如常進行。唯一知道他這個祕密的是他的夫人娜達（Nada）。大約兩年後，1988年3月8日，《New York Times》刊登了一個令懷爾斯震驚的消息，在德國的日本數學家宮岡洋一（Yoichi Miyaoka）證明了「費瑪的猜想」：1983年德

題目是：「有沒有一個算法可以找出任何一個丟番圖方程式所有的正整數答案。」大家記得 $x^n + y^n = z^n$ 就是丟番圖方程式，七十年後，第十道題目終於被解決了，答案是：不可能有這麼一個算法。在數學上，「不可能」這三個字有嚴謹的定義，也需要嚴謹的證明，並不是經過許多數學家多年的努力仍無人找到算法，就可以說「不可能」。

國數學家法爾廷斯（Gerd Faltings）用微分幾何的方法，證明 x^n ＋ y^n ＝ z^n 這個方程式，頂多只可能有有限個而不會有無窮大個正整數答案，宮岡洋一的工作就是更進一步證明不只是有限個而是0個答案，可惜的是宮岡洋一在研究過程中發現的一些結果是有瑕疵的。懷爾斯還是繼續努力下去。

經過三年的努力，懷爾斯的研究工作一方面獲得相當多的進展，卻也無法突破某些困境，他想到在研究生時期學過的「Iwasawa理論」，希望這個理論可以幫助解決他的問題，可是經過一年多的嘗試還是徒勞無功，這時他從他的博士論文指導老師那裡聽到一個叫做「Flach-Kolyvagin」的方法，懷爾斯認為這個方法可以經過修改用來解決他的問題，他又花了好幾個月的時間吸收新方法，應用在他的問題上。

自從1986年開始，在這段時間之內，懷爾斯的兩個小孩先後出生，他說自己唯一放輕鬆的方法就是和他的小孩在一起，他們對「費瑪的猜想」不感興趣，他們只要聽童話故事。

經過長達六年的努力，懷爾斯覺得成功已經在望，他也覺得必須找一個特別是對Flach-Kolyvagin方法懂得很多的專家檢驗他的證明，他找到他在普林斯頓大學數學系的同事卡茨（Nick Katz），他希望卡茨能夠幫忙，並且也要求卡茨絕對保密。經過商量之後，他們決定由懷爾斯開一門研究所的課，

詳細地解釋他所使用的計算方法，卡茨會和研究生一起坐在課堂裡聽課，這門課的名字是「有關橢圓方程式的計算方法」，既沒有提到「費瑪的猜想」，也沒有提到谷山豐和志村五郎的猜想，因此也沒有人會猜出這些計算的目的何在。但是，這些計算確實是非常複雜繁重，班上的研究生一個一個都先後跑掉了，最後只剩下懷爾斯在臺上講，卡茨在臺下聽的場面。不過，全部講完之後，卡茨認為這個計算方法是正確的。這門課結束後，懷爾斯竭盡全力逐步完成他的計算，他回憶說，1993年5月底，當他面臨最後一個障礙時，他不經意地看到書桌上一篇論文裡的一句話，讓他豁然開朗，那是下午五點鐘，他完全忘了吃中飯，他走下樓告訴他的夫人娜達，我把費瑪的問題解決了。那篇論文的作者正是梅舒（Barry Mazur），也是他的一句話幫助瑞貝將「費瑪的猜想」和谷山豐和志村五郎的猜想畫上等號。

1993年6月，在劍橋大學的Isaac Newton Institute有一場數學研討會，大會為懷爾斯預留了三個演講時段。開會之前的兩個禮拜，懷爾斯就提前到達劍橋，在這個領域的大師——包括哈佛大學的梅舒和UC Berkeley的瑞貝——面前婉轉地暗示，他會在研討會上報告一個重要的結果。「懷爾斯證明了『費瑪的猜想』」的傳說不逕而走了，尤其當他報告完兩場之後，他第

三場報告的結論是愈來愈明顯了，懷爾斯的第三場報告，許多大師們都提早到場占據前排的位置，會場中充滿了緊張期待的氣氛，懷爾斯的報告裡，有許多精采的數學觀念，當他把觀念講完之後，他在黑板上寫下費瑪的定理 $n \geq 3$，$x^n + y^n = z^n$，沒有正整數答案，然後說：「我想我就在此打住吧！」頓時，全場掌聲雷動。

按照科學研究的慣例，懷爾斯在宣布他的結果之後，就把論文送到期刊發表，期刊主編為了鄭重起見，破例從選派兩、三位審稿人增加到六位審稿人，他們把兩百頁的論文分成六章，每人一章，其中第三章的審稿人正是懷爾斯在普林斯頓的同事卡茨，卡茨已經在懷爾斯的課堂上聽過他的解釋，可是，經過一個夏天的仔細閱讀。1993 年 8 月時，卡茨發現了一個他以前未注意到的問題，懷爾斯所用的方法並不見得在每一個案例中都行得通。但是這並不表示懷爾斯的證明是錯的，可是卻是不完整。起初，懷爾斯以為他可以在外界得知之前，將這似乎是小小的缺失彌補過來，可是到了 10 月，他還是沒有成功。按照慣例，審稿人對一篇尚未發表的論文，必須保密，因此，原則上除了這六位審稿人外，外界是不會知道這些事情的。但是，同年 11 月，懷爾斯的證明有漏洞的傳言就滿天飛了，到了 1993 年 12 月底，懷爾斯發了一個電子郵件，表示他的證明裡有

一個無法完全解決的問題，並說目前不宜把論文稿公開，也樂觀地說希望在1994年2月開學前，可以把整個事情弄清楚。

懷爾斯決定不把論文稿公開是有他的理由的；他知道一旦把論文稿公開，就會有許多人纏著要他解釋其中許多細節，他會因此大大分心。同時，他也知道萬一別人替他把這個缺失補正了，別人就可以對這份功勞和榮譽分一杯羹了。

經過半年的努力，懷爾斯還是無法將漏洞補起來，他聽從了一位同事的建議，把他以前的一位博士生泰勒（Richard Taylor）請到普林斯頓大學來幫忙，小心檢驗他用的Flach-Kolyvagin方法。可是，從1994年1月開始，直到夏天都快結束了，他們還是沒有成功，懷爾斯已經準備放棄了，泰勒說反正我會留在普林斯頓到9月底，讓我們再努力一個月吧！

按照懷爾斯自己的回憶：1994年9月某個星期一的早上，我坐在書桌前，反覆思考我用的Flach-Kolyvagin方法，我想我至少要瞭解為什麼這個方法行不通，突然間，我有一個啟示，雖然這個方法不能完全解決我的問題，但是正好解決了三年前用Iwasawa理論解決不了的那一部分，換句話說，這兩個方法單獨使用都不能全面解決問題，可是這兩個方法正好互補起來，就可以把整個題目解決了。1994年10月，懷爾斯把兩篇論文的文稿送出去，一篇長的是他自己的論文，一篇短的是他和

泰勒合作的論文，這篇論文補充了第一篇論文裡一個重要的步驟，這是何等戲劇性、更是何等感人的故事！一道三百五十年的古老難題終於得到解決了！[14]

「費瑪最後的定理」有有趣的延伸：我們已經知道 $x^3 + y^3 = z^3$，沒有正整數的答案，也就是說兩個正整數的三次方加起來不可能等於另外一個正整數的三次方，那麼 $x^4 + y^4 + u^4 = z^4$，有沒有正整數答案呢？也就是說三個正整數的四次方加起來等於一個正整數的四次方，可不可能呢？那麼 $x^5 + y^5 + u^5 + v^5 = z^5$，有沒有正整數答案呢？也就是四個正整數的五次方加起來等於另外一個正整數的五次方，可不可能呢？推而廣之，$n-1$ 個正整數的 n 次方加起來等於另外一個正整數的 n 次方，可不可能呢？

尤拉的猜測是不可能的，對 $n = 4$ 和 $n = 5$ 這兩個案例，尤拉錯了：

$$95800^4 + 217519^4 + 414560^4 = 422481^4$$
$$27^5 + 84^5 + 110^5 + 133^5 = 144^5$$

我想我們就此打住吧！

---

14. *"Fermat's Last Theorem,"* Simon Singh, 2002，是一本很好的科普介紹。

Learn系列 025

你沒聽過的邏輯課：探索魔術、博奕、運動賽事背後的法則

作　　者——劉炯朗
主　　編——邱憶伶
責任編輯——陳珮真
責任企劃——葉蘭芳
校對協力——鄭秀玲
插　　圖——林晴方

總 編 輯——李采洪
董 事 長——趙政岷
出 版 者——時報文化出版企業股份有限公司
　　　　　108019台北市和平西路三段二四〇號三樓
　　　　　發行專線—（02）2306-6842
　　　　　讀者服務專線—0800-231-705・（02）2304-7103
　　　　　讀者服務傳真—（02）2304-6858
　　　　　郵撥—19344724 時報文化出版公司
　　　　　信箱—10899台北華江橋郵局第九十九信箱
時報悅讀網—— http://www.readingtimes.com.tw
電子郵件信箱—— newstudy@readingtimes.com.tw
時報出版愛讀者粉絲團—— http://www.facebook.com/readingtimes.2
法律顧問——理律法律事務所　陳長文律師、李念祖律師
印　　刷——盈昌印刷有限公司
初版一刷——2015 年 7 月 3 日
初版七刷——2020 年 11 月 18 日
定　　價——新臺幣 280 元
版權所有 翻印必究（缺頁或破損的書，請寄回更換）

時報文化出版公司成立於一九七五年，
並於一九九九年股票上櫃公開發行，於二〇〇八年脫離中時集團非屬旺中，
以「尊重智慧與創意的文化事業」為信念。

你沒聽過的邏輯課：探索魔術、博奕、運動賽事背
後的法則 / 劉炯朗著. -- 初版. -- 臺北市：時報文
化, 2015.07
面；　公分. -- （LEARN系列；25）
ISBN 978-957-13-6318-9（平裝）

1.機率　2.通俗作品

319.1　　　　　　　　　　　　　104010949

ISBN 978-957-13-6318-9
Printed in Taiwan